いたずらオウムの生活雑記 2019

Itazura Oumu no Seikatsu Zakki

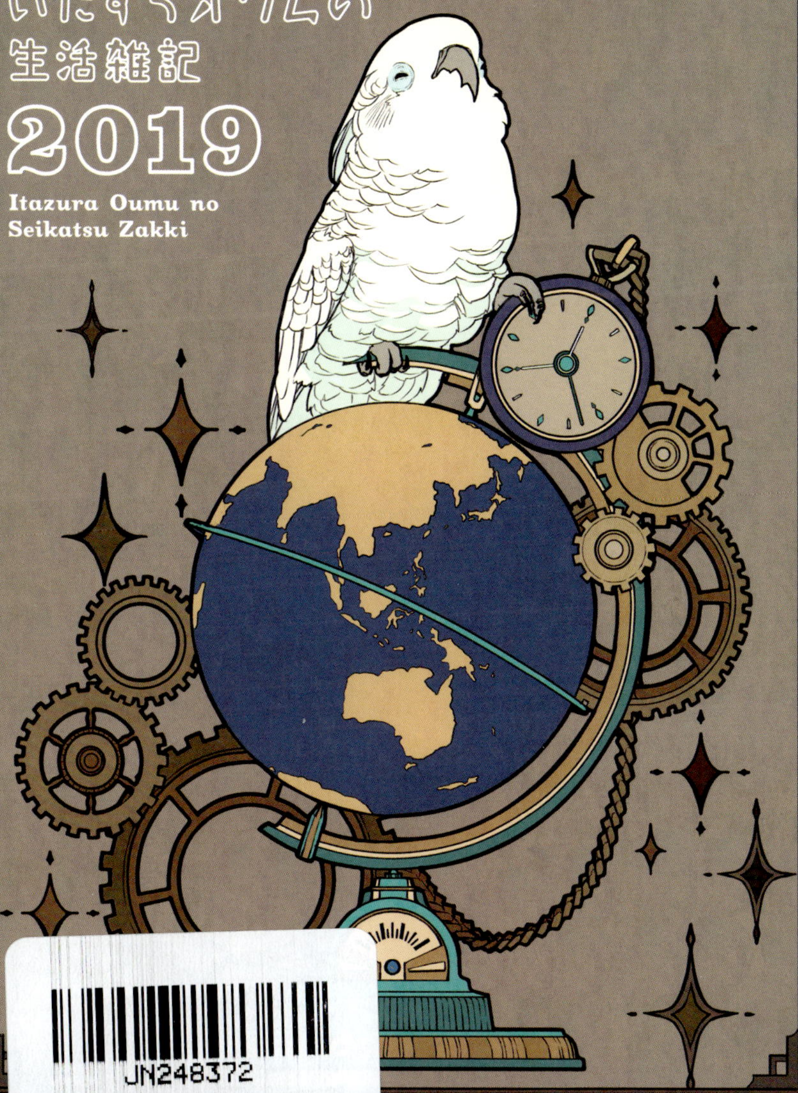

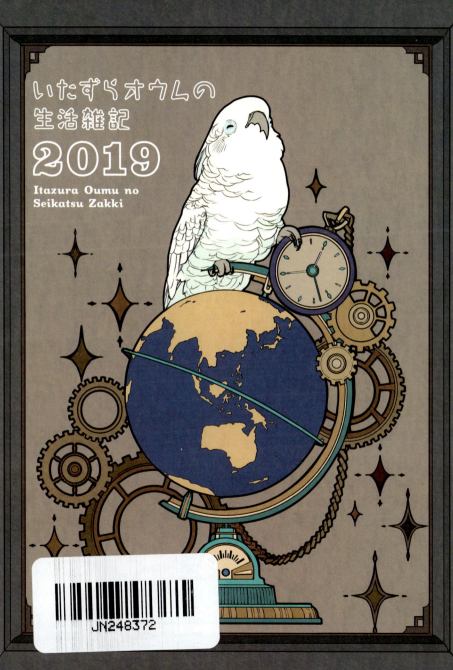

もくじ

キャラクター紹介……2
もくじ……3
人と似ているオウムのコミュニケーションを集めてみたよ！……4
日常編……6
オモチャ編……32
バイオレンス編……54
食べ物編……71
トラブル編……83
停電と地震……84
転居編……89
台風と虫……99
トレーニング編……113
抱卵編……128
その後のお気に入りオモチャ……141
活動報告&宣伝……142
あとがき……143

コミュニケーション集メマシタ

寄り添う

ピトッ

毎日寄り添う

囁く

キュ〜
キュルル
オア〜
オハヨ
ン〜?

肩を抱く

ワキハグ

相手が小さいと
挟みやすい

おなかに
スポッと
することも!

同じくらいのサイズだと
挟まれるほうが身をかがめる

人ト似テイルオウムノ

チュッ

舌でタッチ

手を重ねる

小鳥もよくやってる

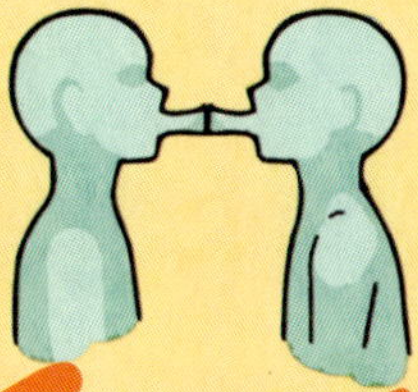

ブチュウウウウ

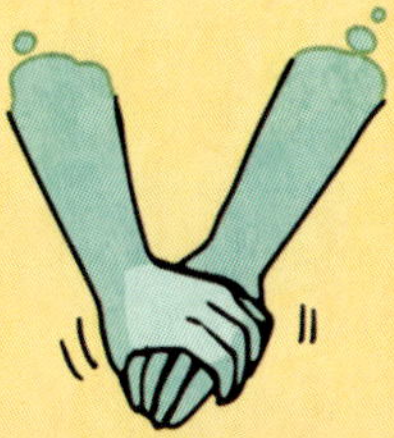

手を握る

ギュッ

ツイッターの表示の
戻しかた
ぐい
レロ
くい
レロ
日常編
ブルルルルルルル

取ってあげる

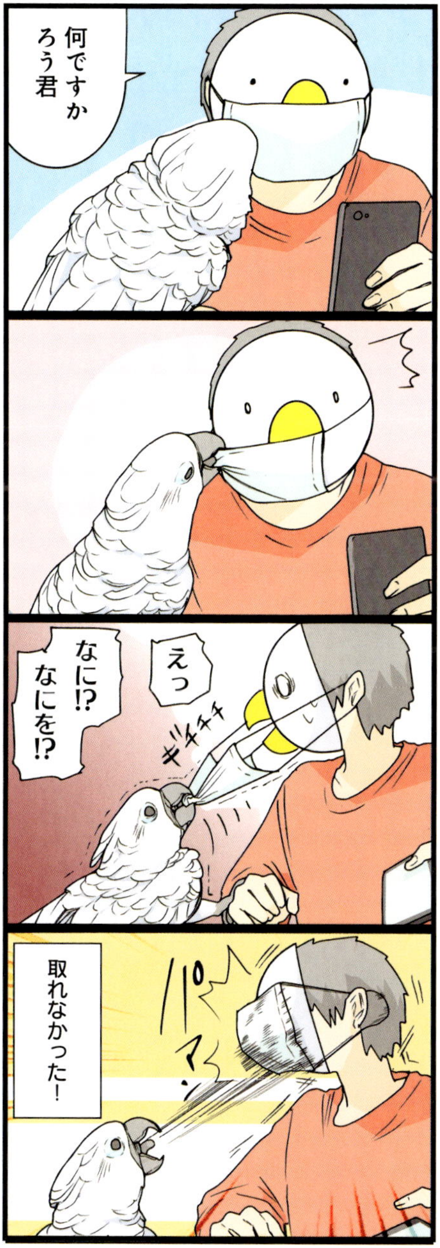

耳が痛い。

それとって!

PC作業用のメガネが一番驚かれます。

認めない心

そうだ！
今ならあのネタツイートと同じ画像が撮れるのでは？
私は飼い主のパンツを土の中に埋めました
私は飼い主の頭にフンを投下しました
駄目だった

こういったポーズの写真はほとんど撮れません。小道具を渡すと投げ捨てられるか壊されます。

どうしてそこで

オウムの爪切り終了
自分の爪も伸びている…
パチンッ
パチン
プツ
意趣返しではなかろうか
パチンッ

何で移動してきたんです？

ベタベタイハク？

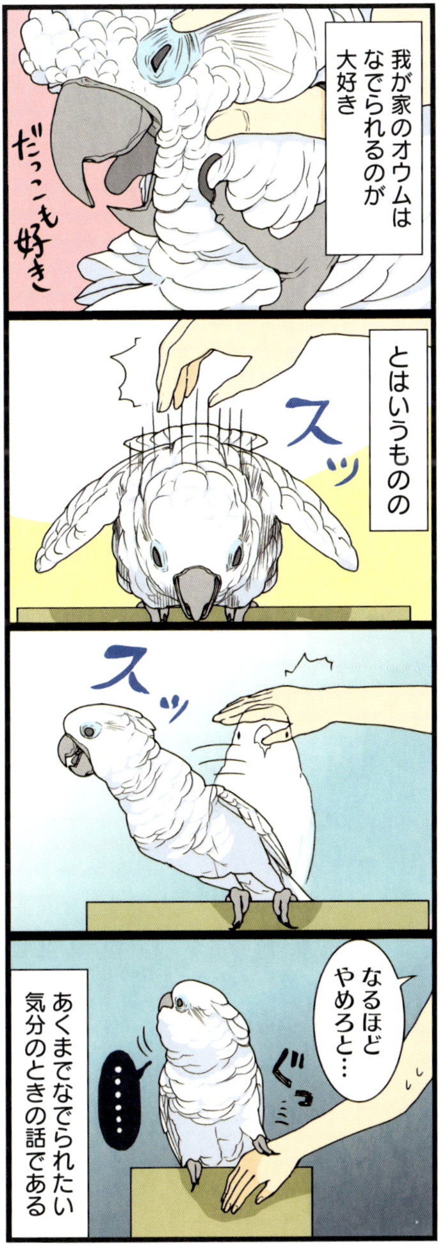
我が家のオウムはなでられるのが大好き
だっこも好き
とはいうものの
スッ
スッ
なるほどやめろと…
あくまでなでられたい気分のときの話である
……
ぐっ

ボディタッチが大好きとはいえ、
嫌なときも気が乗らないときもあるのです。

陣取るオウム

オウムで画面が見えない
スススス…
やはりオウムで画面が見えない

足元にキーボードがあるのでタイピングも
困難です。所定の位置に手が置けません。

タイミング次第

居心地の悪い場所
はいステップアップ～
!
さっ
居心地の良い場所
ステップアップ！
!
スッ
「ステップアップ」その言葉も意味も完璧に覚えている

都合が悪いときは「ステップアップ」を合図に距離をとります。

ろう君はどれだけ人の言葉を理解しているの

自分にとって都合の良い言葉は割とわかる
・おはよう
・オヤツ
・オモチャ
・あくしゅ
・おかわり
・おゆごはん
・ぶどうさん食べる
ポジティブ～
この状態だと飼い主の指示に素直に従う
自分にとって都合の悪い言葉も結構わかる
・ねる
・ねますよ
・もうねる
・おやすみする
・つめきる
・つめきりしよっか
・おしまい
ネガティブ～
言葉を合図に飼い主に対し抵抗を始める
言葉単体の情報よりも前後の流れや場の雰囲気視覚情報も交えて判断することが多い
まともな服装
ろう君くる？
警戒
!
ぎゅっ
だらぁ～
まともな服装＋だらけた姿勢
ろう君くるの～…
様子見しつつ参加しに来る

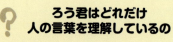

トイレ推し

「ステップアップ」ではどこに連れて行かれるかわからない
居心地の良い場所にいるのならばステップアップに乗るのは損
「トイレに行く」ならトイレに行ける
トイレなら行っても良し（謎のトイレ推し）
そんなオウムの心理を利用し
トイレ行きますよ…と
思いきや！
日光浴1名様ご案内〜！
トイレと偽り別の場所に連れ出した結果
「トイレに行く」でオウムが悩み始めるようになった
トイレ行きますよ
トイレ
今日は本当にトイレですって
トイレですよ？良いんですか

だまし討ちをするとそのあとがこじれます。
だまし討ちできるのも最初の数回だけですので
やらないほうが良いという結論に達しました。

種を超える肉体言語

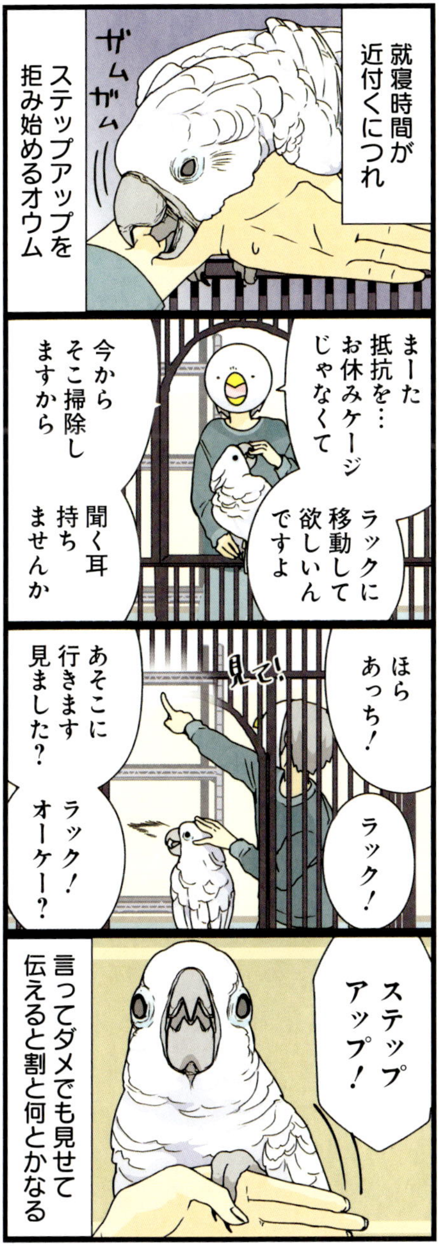

就寝時間が近付くにつれ
ザムガム
ステップアップを拒み始めるオウム
まーた抵抗を…お休みケージじゃなくて
ラックに移動して欲しいんですよ
今からそこ掃除しますから
聞く耳持ちませんか
ほらあっち！
見て！
あそこに行きます見ました？
ラック！
ラック！オーケー？
ステップアップ！
言ってダメでも見せて伝えると割と何とかなる

オウムの眼前に指を出して、
そのまま連れて行く場所を指差ししています。
上手く伝われば乗ってきます。

楽しそう

オウムとインコ動画を視聴
ぱぁっ
エ〜ン
ぱぁして
ぐいんぐいん
エェ？
あくしゅ
じゃぁあくしゅして
ス…
は〜いあくしゅ〜
えらい
えらい
えら〜い！
ぐいんぐいん
結構エンジョイしてる

オウムもスマホを見る時代です。

あっ

鳥のお喋り動画を見る
あ、そうなのへ——
エッウッソ
あっ！次ヨウム…！
ど どうですろう君いけます？動画はセーフ？
あっキレてませんね動画なら意外といける感じ…
だってネスゴーイ
マジなの
ピピッピピ〜
おや？
ろう君どちらに？
ハイヨ
バーイ
オーイ
オイデヨ！
外の景色を見始めるオウム
ろう君動画は…
……

楽しくないようです。

強奪

飼い主からペンを奪い取ったオウム
サッ
ペン先危ないから返して下さい
ちょっ
かえし
ドッ
ドッ
返しなさい
返しなさいって!!

とったど――――!!!

楽しそうじゃないか

とりあえず左手に乗り
ぐっ
……
より効果が出るであろう右手に移動
……
最終的にペンそのものの動きを封じてみせた
ぐぐ
コイツ…より確実な方法にっ…!!

オウム流、利き腕封じ。

楽しく過ごせたお留守番

転居先を見に行く間
友人にお留守番をお願いしました
来ましたー！
ろうちゃん
めっちゃ久しぶりー
うわぁ――――!!
ありがとう!!
助かります!!
食料とオウムのやることリストを渡して出発
行ってきます
?
行ってらっしゃい
やることリスト
帰宅
どうでした？
すごくいい子にしてましたよ
1回叫びましたけど
おやまぁ
夜中ノリノリだったんで
おもろーっ
カワイイ!!
ろーちゃんカワイイ～～!!!
褒め続けて話しかけたら
なにその動き～
こっち見てろーちゃん!!
更にテンション上がっちゃって
気持ちよくなって叫んだ
ア゛ア゛～!!!

褒め倒されて良い気分だったようです。

杞憂

帰宅前
ガタンゴトン
2日も留守にしちゃったからべったりはりついて離れないだろうなぁ
気がすむまでベッタリだっこ
帰宅後
よしよし
お利口さんでした
想定どおりはりついたと思いきや
1時間くらいこんな感じかな…？
あれ？
スッ
早々に切り上げてオモチャの所へ
ガッチャーッ
お留守番中に沢山相手をしてもらったおかげで人恋しさを感じず過ごせていたようだ

今回はあまり寂しさを感じなかったようです。

とまどうペットシッター

お留守番中なでられました？
あっ それ！
そうなんですよちょっと聞いて下さいよー！
ろーちゃんなでてのポーズしたんですよ！
おぉ それは！どうでした？
でも手を出した瞬間パッと振り向いてくるんですよ…
ぎゅるん
!?
それを何度も繰り返されて結局なでられず…
オウムの駆け引きに翻弄されていたらしい
カッ
モコォ

相手に敵意がない＆友好的だとわかると
いじわるしたり、いたずらしたり、
駆け引きを繰り出し始めます。

解決策

ぐぐぐぐぐ…
まだ穴の下に何かがいるのではないかと訝《いぶか》しむオウム
もう出ました
しばらくしたあと穴の所で活動を再開した
ガリガリガリ
おっ 慣れました?
ろう君 ブドウ 食べましょ ブドウ
はっ
ほしぶどぅ…
穴を塞ぐようにオモチャが被せられていた
ろう君もしや
見たくないものを見ないようにフタを…?

見たくないものは見えないように。

穴から覗くもの

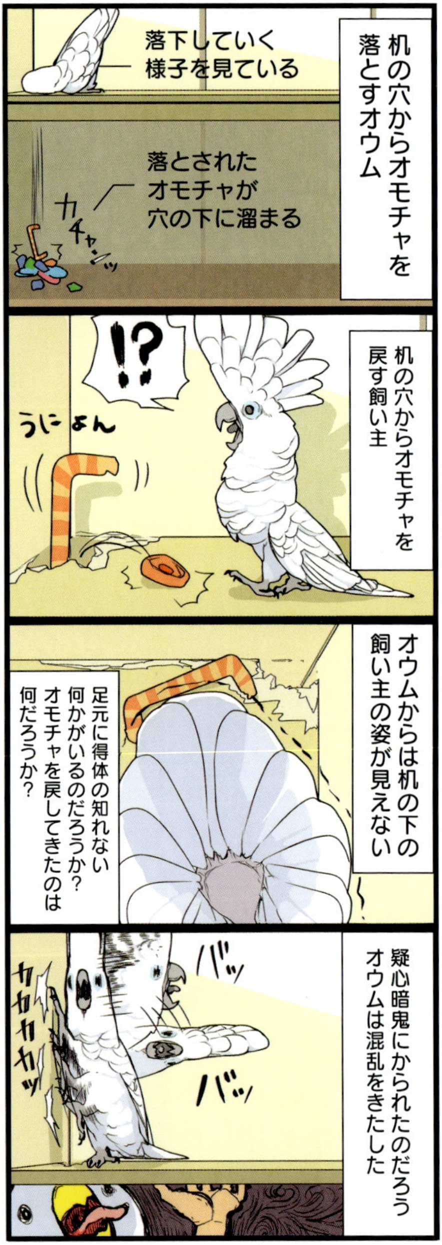
机の穴からオモチャを落とすオウム
落下していく様子を見ている
落とされたオモチャが穴の下に溜まる
カチャンッ
机の穴からオモチャを戻す飼い主
!?
うにょん
オウムからは机の下の飼い主の姿が見えない
足元に得体の知れない何かがいるのだろうか? オモチャを戻してきたのは何だろうか?
疑心暗鬼にかられたのだろうオウムは混乱をきたした
バッ
バッ
カカカカッ

オウムの胸中に得体の知れない恐怖心が!!

不慮のドッキリ

液タブの位置変えましょ
パカッ
ガターーン
ごめん…
ワナ
ワナ
ワナ
ごめんって!!
ドッ

確かに飼い主のせいですけども!?

意思疎通叶わず

頭上の落下音に驚いたオウム
飼い主に向かって突撃する
ドサァァ
飼い主の毛布ガード!
オウムは脚がもつれて転んだ!
ワナ
ワナ
ワナ
ワナ
ワナ
ワナ
……
大丈夫でした?
どうやら最初からハグを求めていたらしい
ごめんごめん
いやぁ噛みつきにきたのかと…

今までの経験から身体が防御行動に…。

楽しい今を過ごしたい

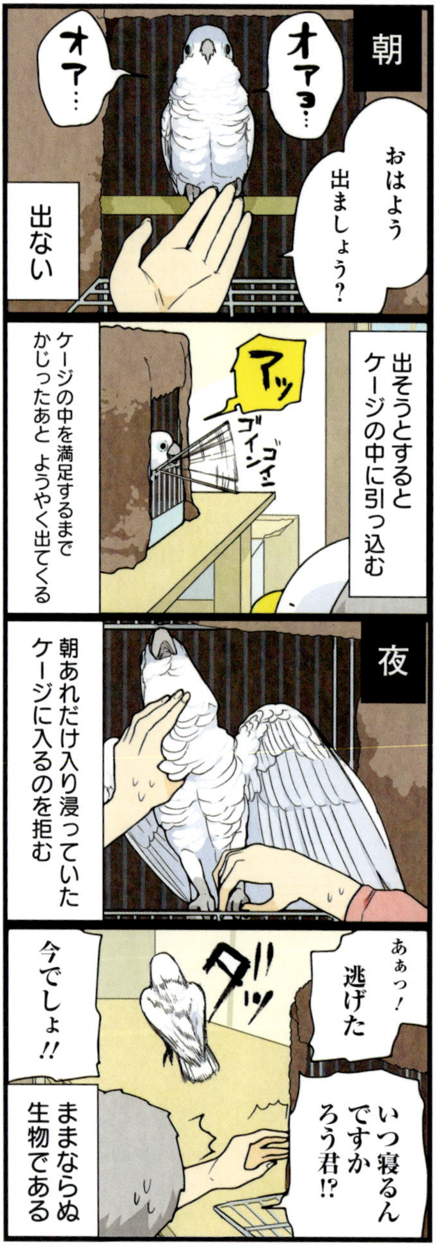
朝
おはよう 出ましょう?
オアヨ…
オア…
出ない
出そうとするとケージの中に引っ込む
アッ
ゴイン ゴイン
ケージの中を満足するまでかじったあと ようやく出てくる
夜
朝あれだけ入り浸っていたケージに入るのを拒む
あぁっ! 逃げた
タッ
今でしょ!!
いつ寝るんですかろう君!?
ままならぬ生物である

睡眠時間との兼ね合いが…！

ごねごね

寝ますよー
オォーウ オーゥ?
オッォオッ
まだ寝たくないオウム
ヒアママア? ぴ〜ちゃ〜?
オアヨ〜〜?
ブンブン
ブンブン
あがき始めた
もう電気消してもいいですか
あぁ〜
お〜…
オウムの抵抗にある程度付き合ってから消灯するとすんなり眠る

睡眠時間との兼ね合いが難しいところです。

恐ろしい…

今日も夢中でケージをかじるオウム
ガジ ガジ ガジ ガジ
ゴハンを用意してもなでるよと誘ってもオウムが満足するまで出て来る気配はなさそう
ごはんたべます？
……
だっこします？
ガジ
ガジ
突然の突風
ギュオオオオオ
わっ すっごい
ビビッてすぐに出てきた
オオオオ…
スッ

大きい風音は怖いですよね。

抗えぬ誘惑

就寝の気配を察知してステップアップを拒むオウム
手の届かない場所まで去っていく
こんなときは床に座ってオウムのお気に入りオモチャを鳴らす
ガチャチャチャチャ
スッ
ここしばらくこのパターンが続いている
かくほー!!
!!!
ズザァー

!?

面白スポット

室内干し
ちょっと干すだけだし片手でいけるかな…
ダメだ片手じゃハンガー使えない
ろう君ここでちょっと待機を…
新しいお気に入りスポット発見！
良さげなオモチャも発見

片手では無理でした。

さぁ遊ぼう

カチャ
カチャッ
よし終わった！
ウンコ前に戻りますよろう君
スコン
ぐおっ
手近なハンガーを落とし始めたオウム
ちょっ…まぁでもハンガーくらいは
ベチン
ベチン
衣類つきゾーンへ
ぐいぐいぐい
えっ それも!? ちょっと！ ちょっと待った待った待って重いでしょ
そこから先はアレですよ面倒なことになるアレです ここ床掃除サボってたからちょっ

ハンガーが降ってくることは想定してました。
しかし衣類ごと振ってくるとは…。

撤収

高い所に加え、楽しくしているときは
その場から離れようとしません。

追加攻撃

熱かったです。

タイハクオウムは下りに弱い？

ろうと
下り階段
現実
理想
ピョーーン
脚が
届かない
クチバシで
支えて…
身体を
下に降ろす
もしくは決意の
クチバシダイブ！
ガッ
ポールなら
上りも
下りも
バッチリ！
身体を
持ち上げて
上段へ
脚も
上段に
届く！
上り階段
クチバシが
上段に
届けば……
上るはヨイヨイ
下りはこわい
ろうが鈍いのか
タイハクオウムが
こんな感じなのか…
ピョーン
タイハクオウムでもジャンプが
上手な個体がいるので、
ろうが鈍いだけなのかもしれません

いたずらタイム終了

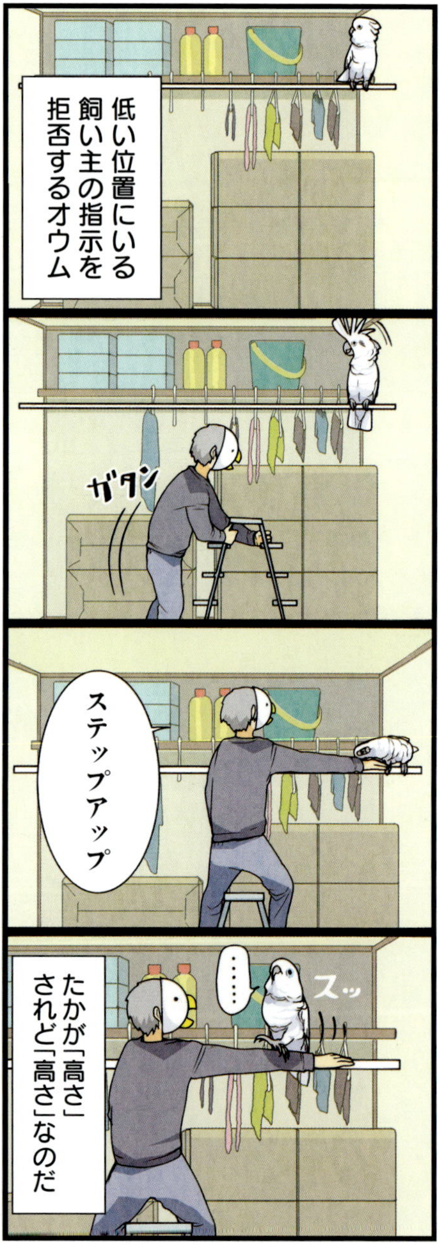
低い位置にいる飼い主の指示を拒否するオウム
ガタン
ステップアップ
……
スッ
たかが「高さ」されど「高さ」なのだ

最近読んだ書籍で鳥との関係に視線の高さは関係ないという内容を見ましたが、視線の高さで態度が変わるオウムを都度目の当たりにしている飼い主です。

ここも秘密基地

以前はオモチャで誘導して何とか中に入ってもらっていたキャリーバッグ
お気に入りのオモチャを中にポイ！
ポイ
現在
普通に入る
奥で遊び始める
カチャカチャ
移動したり大きく揺さぶらないと出渋るようになった
ろう君もう出ましょう
これ片付けますから
ろ〜〜〜？
お〜…

キャリーを持ち上げると慌てて出てきます。
移動に慣れるまでもうしばらくかかりそうです。

エクスタシー

ブンブン
ブンブン
大型ケージの上で上下に激しく頭を振るオウム
ブンブン
ブンブン
すごい力んでるじゃないですか
振動で音が…
ガタガタガタガタガタ
自身の力で大型ケージを揺らせることに満足感を得ているらしい
程々にしてくださいね

自分の力で大きなものを動かせるのは、
とても気分が良いようで…。

花粉の季節

※花粉症
ハック
ハックショイ
ヒーヒッ
フー
ヴゥゥゥゥゥ
……
※目を擦らないよう堪えている
ヒーフッ
ヒー
サッ
サッ
駄目だ
鼻たれる…
ティッシュゥ
テイ
わぁ…
すっごい…
もっさぁ…
山ができていた

たまにティッシュを出し続けます。

続く作業

こんもり
ティッ…シュ…
どうするのコレ…
ケース半分でも山ができ…あがるんですねぇっえ…
!
ファサァ…
どりっあえずぅ この中に入れときまひょ…
散らばりまずし…
さっ
ファサッ
さっ
さっ
さっ
ファサッ
さっ
さっ
根くらべが始まった

片手で鼻を押さえつつ、
片手でティッシュを片づけ続けるのは
地味にしんどかったです。

宝探し

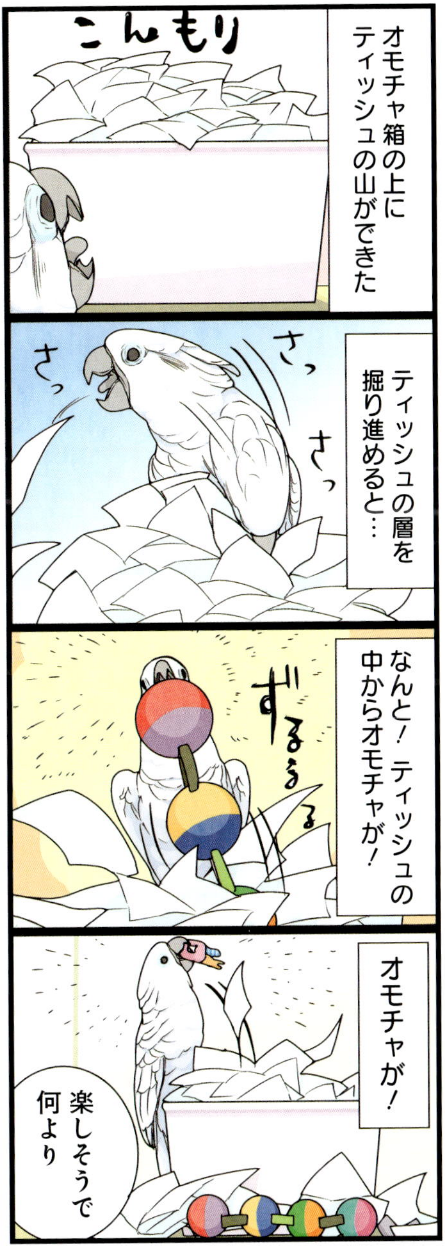
オモチャ箱の上に
ティッシュの山ができた
こんもり
ティッシュの層を
掘り進めると…
さっ
さっ
さっ
なんと！ティッシュの
中からオモチャが！
ずるるる
オモチャが！
楽しそうで
何より

いつものオモチャが宝物みたいに。

潜水

ティッシュをある程度
よけるとオモチャの層が
むき出しに
うず…
バッサーーッ
ダイブ！
ティッシュの海に
飛び込んだ
ガタガタガタ
オモチャとティッシュに
まみれて遊び続けるオウム
わっさぁ！
楽しそうで
何より…
正直ちょっと
羨ましい

いいなぁ。

何が出るかな？

オウムの前を横切るときはとりあえずワンタッチ
ポスン
オッ
このときオウムのお返事ガチャが発生する
ポスン
キュイ
ムニュ
ろっ
ポスッ
ヘアッ
これは激レア

レア目当てにガチャしすぎた結果、
お返事ガチャのほとんどが無言になりました。

増える語録

おはよっ
おはよっ
おはようじょ
こんにちは
おはようーじょ
おは ようようよう ようじょ
おは ようじょ?
おはよぉお〜〜ぅこうじょっ!
こんにちわは?
コンニチワッ
ドャーン
こんにちわ…
おはようじょの変化形ばかりが増えていく

コンニチワのトレーニングはまたのちほど。

どこでも使えるオハヨウ

目覚めのオハヨウ
オアヨ?
オハヨウ…
囁くような声量で可愛い(?)声を使ってオハヨウ
今日何の夢見ました?
オハヨ
あぁ今日もオハヨーでしたか
オアヨ…
就寝前のオハヨウ
はーい もう寝ますよー
!!!
おやすみしますよー
もはや怒声
オハヨウッ
オヨオバヨヴ

オウム言葉によると、「オハヨウ」は
起きるときの挨拶でもあり、
寝たくないときの挨拶でもあります。

上書きのオハヨウ

ハイッ
!!
はいっ
はい
おぉ…はいって言った…!ワンモア!ワンモア!
ろう君 はいっ
もう一回はいって言って!ワンモア!
……
ほらはいって…!!!
オアヨオッ
気付いた
オアヨー!!!
「オウム返し」をするのはオウムではない

オウムが人の言葉を繰り返すより、
オウムの言葉を人が復唱することのほうが
多いわけで…。

隠し粉

久しぶりに ガッツリ水浴び
シャワー
ガッツリドライヤー
モアッ
ブオオオォ
モアァ
ブオオオオオォ
モアァァァ
ブオオオオォ
送風方向を変えるたび 体に隠されていた 粉が湧き出てくる

まだ出るの!?の繰り返し。

途切れぬ隠し粉

ガッツリ水浴びの翌日
ドライヤーで 粉も飛ばしたし 流石に今日くらいは 粉控えめに…
モア…
モアア…
モアァァ…
ヒェェェェェーーッ!!!

湯気か蒸気みたいに粉が…。

クチバシコレクション

飼い主はオウムのクチバシの欠片を集めている
しかしこの欠片の収集が意外と難しい
ペラリ
あっ クチバシ 剥がれそう…
ろう君 どうですそれ 取れます?
ペキン!
あっ
クチバシの欠片が剥がれると同時にオウムが細かく砕いてしまうので大きな欠片は激レアなのだ
パキパキ
パキキ
あああぁ~~~~…
パラララ

羽よりもクチバシの欠片の方が劣化が早いのは予想外でした。
乾燥状態で数年経つとパラパラしてきます。

羽だけでなく

飼育当初は抜けた羽を集めることに夢中になっていた
冠羽ゲット!
また 剥がれ落ちたクチバシの欠片も夢中で集めていた
※クチバシも 爪と同じく 伸び続ける
これは なかなかの 大物
年月が流れ
抜けた羽に対する関心が薄まりつつある中
もう古いやつは捨てちゃおうかなぁ…
抜け羽がどんどん溜まっていく…
クチバシの欠片《かけら》への関心は今でも薄れないままである
冷静に考えればゴミだと思う
でも何故かとっておいてしまう
クチバシの欠片はいいぞ!

綺麗に大きい欠片が剥がれるとテンション上がります。

ヘアピン１

ごそごそ
テレッテレー
ヘアピンゲット！
じっ
ブルルルン
ヘアピンでも顔を振りたくなるらしい

見てるとゾワゾワするのかもしれません。

ヘアピン２

ヘアピンをクチバシに挟んで
カチッ
ブルルルンーッ
ピューン
ヘアピンを再度拾って
ブルルルン
ピューン
よく飛びますねぇ

なんだかクセになっています。

びっくりエクレア

飼い主のオヤツタイム
なんだ なんだ
チョコエクレアー
オウムは逃げ出した!
えっ コレも!?
こげ茶だから!?
コレもダメなの!?

※チョコは鳥に有毒です。
人用の食べ物の中には鳥の身体に悪い物が沢山
あるので要注意※

恐怖の麦わら帽

屋外作業用に麦わら帽子を購入
ダッ
どうですか
ガササ…
ピクッ
新しいオウムガードができあがった

適材適所ということで…。

オモチャ編

懐かしのオモチャで遊ぶ

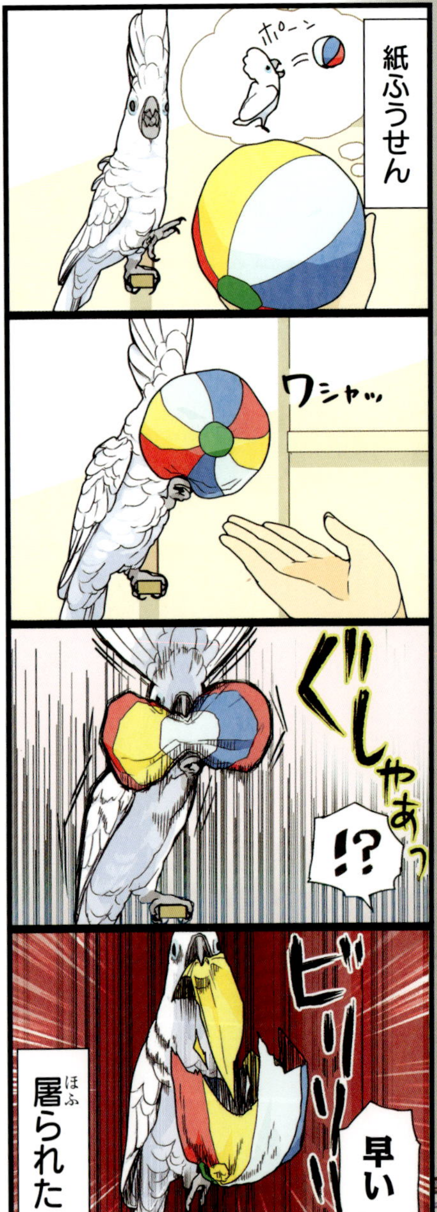

一撃目から本気を出すとは…。

ふきもどし1

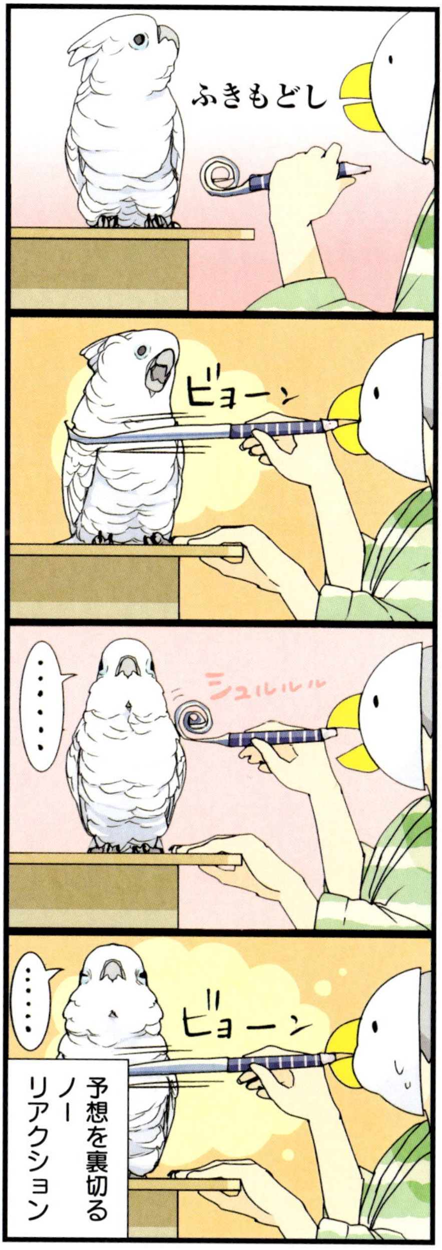
ふきもどし
ビョーン
……
シュルルルル
……
ビョーン
予想を裏切るノーリアクション

昔のオモチャは好みでない？

ふきもどし2

ポスン
ふきもどしを全く意に介さないオウム
……
えっ そんな 本当にコレ面白くないんですか？
……
ポスッ
ポスンッ
パシッ
足掻《あが》く飼い主
……
ポスッ
ポスンッ
ポスンッ
封じられた
わしゃあ…

片付けます…。

じっくり鑑賞

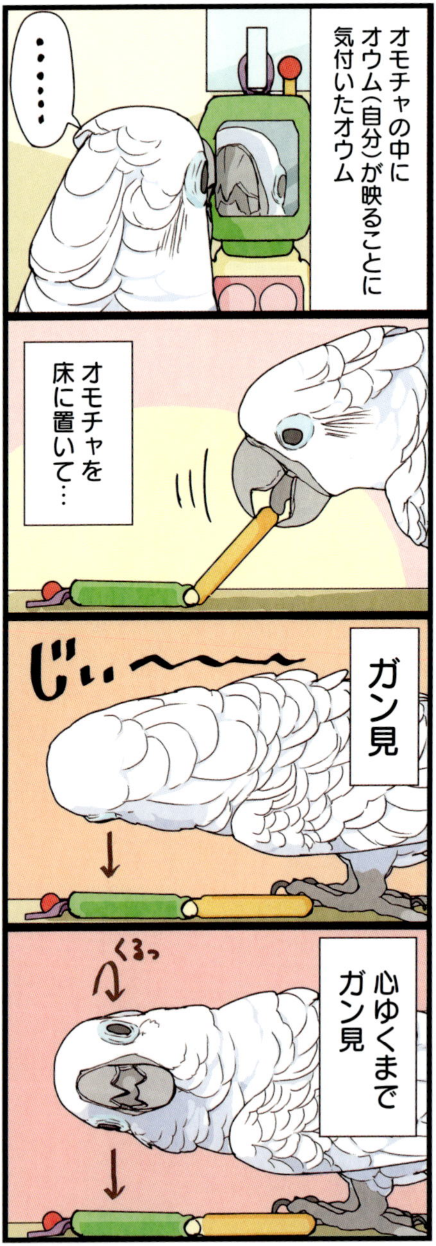
オモチャの中にオウム(自分)が映ることに気付いたオウム
……
オモチャを床に置いて…
ガン見
じぃ〜〜〜
心ゆくまでガン見
くるっ

自分だと思って見ているのか、誰かが映っていると思って見ているのか、どちらでしょうか。

鏡入りのオモチャ

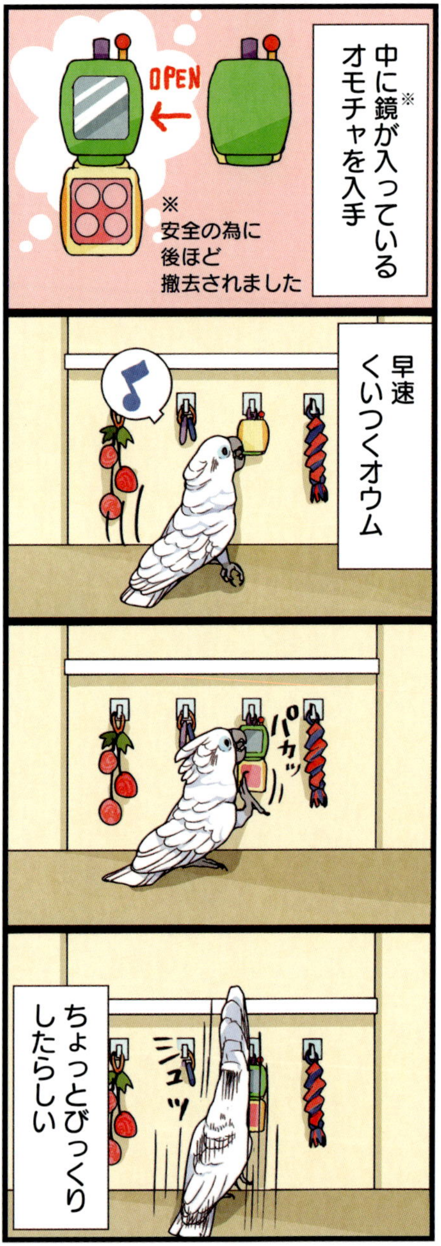
中に鏡※が入っているオモチャを入手
OPEN
※安全の為に後ほど撤去されました
早速くいつくオウム
パカッ
ちょっとびっくりしたらしい
シュッ

ほんの少しのドッキリギミック。

反省はしている

噛んだあとはやらかしてしまったことを自覚し
反省している振る舞いをするのですが、
そこまでがセットで繰り返されています。

危険部位を除去

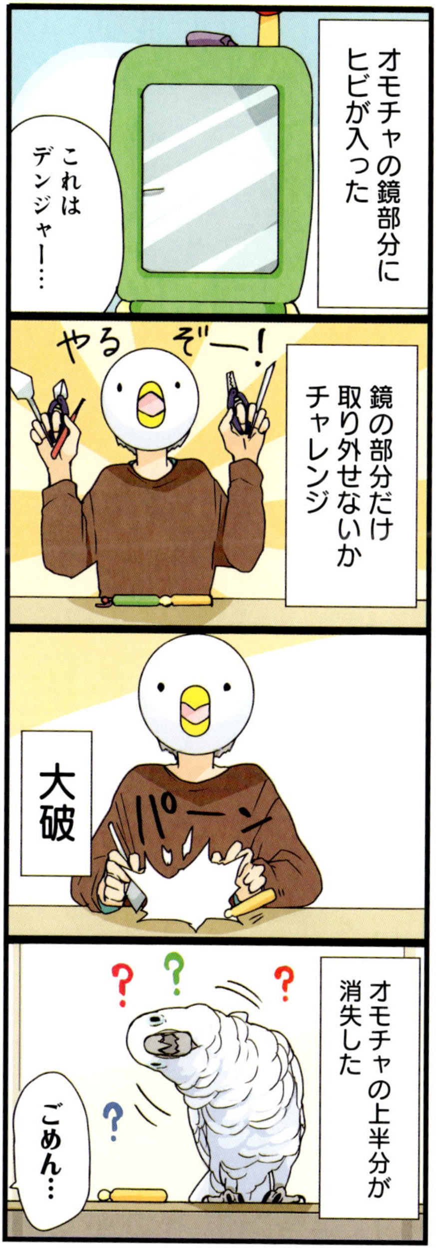

思ったよりも頑丈にはめ込まれていました…。

気付いちゃった

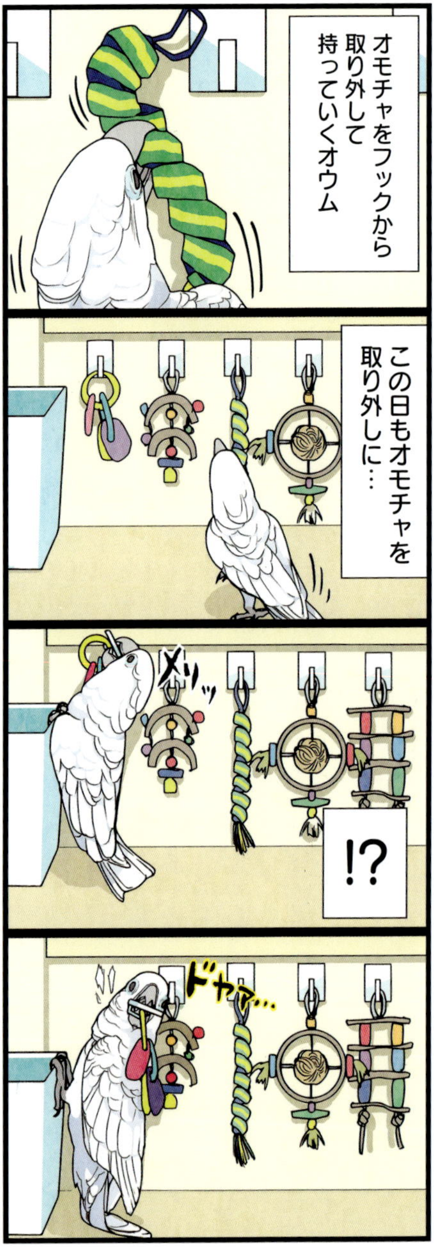
オモチャをフックから取り外して持っていくオウム
この日もオモチャを取り外しに…
メリッ
!?
ドヤア…

ついにフックが取り外せることが
バレてしまいました。

こだわり

オウムに取り外されたフック
裏には粘着テープがついている
誤飲が怖いのでテープを取り除く
食べないとは思うけど念のため…
ゴッゴッ
飼い主にフックをとられて不満
はい これでどうぞ
ペッ
粘着テープつきが良かったらしい
2個目にいきましたか
ベリバリ

自分が手に入れたものを勝手に
加工されては興ざめだそう。

オウムが届かない位置にフックを設置

大型の吊り下げ型オモチャを設置
ここにつけときましょうか
……
カチャ…
ガチャンッ
オウムがさらなる高みへと到達した

フックを高い位置に設置したことによって意図しない通路ができました。

あれよという間に

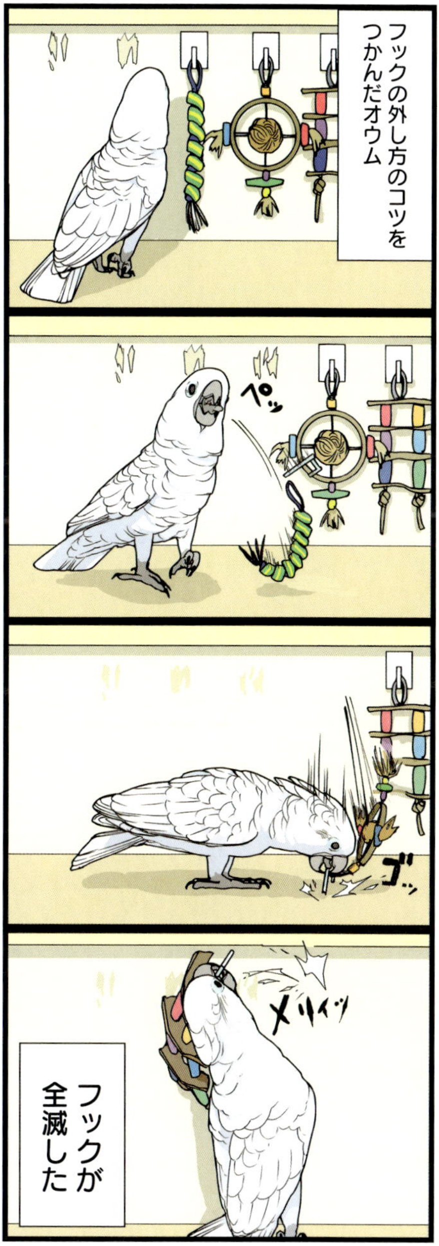
フックの外し方のコツをつかんだオウム
ペッ
ゴッ
メリイッ
フックが全滅した

吊り下げ型のオモチャの保管に便利でした。サヨナラ…。

マラカスで遊ぼう!

マラカス
シャン
シャン
ろう君もやります?
シャン
シャン
シャン…
破壊のプロに演奏を求めてはいけない
ペキィ…

わ 割れちゃう!

リズムをとろう!

タンバリンもある
ジャラララ
ラン
バサササササ
ジャララララララ
シャン
シャン
バサササササ
ジャラララララ

ノッているのだろうか。

タンバリンで遊ぼう！

タンバリンをオウムに渡した
ろう君 音鳴らせます？
ガチャン
楽器みたいに使うのは厳しそうですね…
ガチャン
ガチャン
その後武器として扱われた
ガチャーンッ

用途いろいろ。

あ
パリーン
マラカス壊れました
中からBB弾みたいな玉が沢山！
もう片方のマラカスもヒビが入ったので廃棄
誤飲がこわい……
家にあるものでマラカスっぽくなりそうなものを自作しました
自作と言っても…
紙箱や小ぶりのプラケースにハトのエサを入れただけ
フォージングトイになるかも？
1 2 3 4
1トイレットペーパーの芯に紙を貼ってフタ
2ラムネボトルに紙でフタ
3お菓子の紙箱 ※中のお菓子をしっかり取り除いてね！
4小さい紙コップをつなげたもの
※ただし遊ぶかどうかはオウムの気分次第

NEWアイテム

保冷ボトルを購入
カラン
カラン
カラン
いつまでも冷たい
結露もないし
これは便利
中の氷の音も良い…
カラアン…
これはこの夏大活躍…
プハーッ
ススス
カララン…
ガリイッ
!?
!?

痣ができました。

どうして!?

お茶を飲んで悦に入っていたらオウムに噛まれた
えっ 何!?
………
何で噛んだ!?
どういうこと!?
食事中は許される神話はどこ行ったんですか…
えっ
ええ?
今 何かありましたっけ
マジで何で噛んだの?
……
気を取り直して水分補給
ゴクリ
カラアンッ
ガッ
ブホッッ
!?
酷いものである
かまれると思ってなかった

まさか2連続でガチ噛みしてくるとは
思わないじゃありませんか。

解明

オウムが何故噛みついてくるのかわからず動揺する飼い主
ゴシ…
今まで食事中は気を使ってくれてたのに一体ナゼ…!?
でも　のどは渇く
ぐびっ
カラン
ガブッ
!?
やっぱり渇く
座って飲むのが駄目だと思って立った
ぐび
ガッ
!?
数回噛まれてようやく保冷ボトル狙いであることに気がついた
まさかこれ目当てだとは…

食べ物ではなくオモチャと認識されていたよう。

そしてオモチャに

オウムが保冷ボトルをターゲットに
見た目も形もこれのどこが良いのかわからない保冷ボトル
重いし大きい
噛めないかじれないツルスベボディ
明らかにオモチャの形状じゃない
つかむところがない持てない
しかし 中の氷の音がオウムの意識を強く惹きつけたらしい
カラン
カラン
ゴロン
!!
噛めない&持てないのでとりあえず転がして遊びだした
何がオウムの琴線に触れるかわからないものである
ゴDOO…
カラン
カラン

聴覚も敏感なオウム。
面白そうな音に飛びつきます。

やり返す飼い主

机の端のきわどい位置に保冷ボトルを設置
スッ
!
ドン
!?
ボスン
落下
わあああぁあっ
何でもかんでも武力でねじ伏せようとするからそうなるんですよ

勢いと攻撃だけでは目の前にある物すら手に入れることができないのだ…。

失敗から学ぶ

再度机の端に保冷ボトルを設置
スッ
!
そっ
先ほどの失敗を経て慎重に行動するオウム
クチバシで押さえる
足を出して落下防止
保冷ボトルを内側に倒し中心へ転がして回収した
ガラアンッ
おやっ急に賢い…

数回繰り返すと思いましたが、２度目で改善されました。
１度の失敗から学び取るとは･･･

コツをつかんできた

机上で保冷ボトルを転がすオウム
ゴロロロロロ。。。
カランコロン
おっと 目の前に崖が！
ブレーキ！
キキッ
おぉ
保冷ボトルの向きを変更
カランッ
妙に冷静に遊んでいる
噛みついたわりには頭に血がのぼっていない…？
ガララララ

噛みつく前にこの冷静さを持って欲しい飼い主です。

これも一緒に

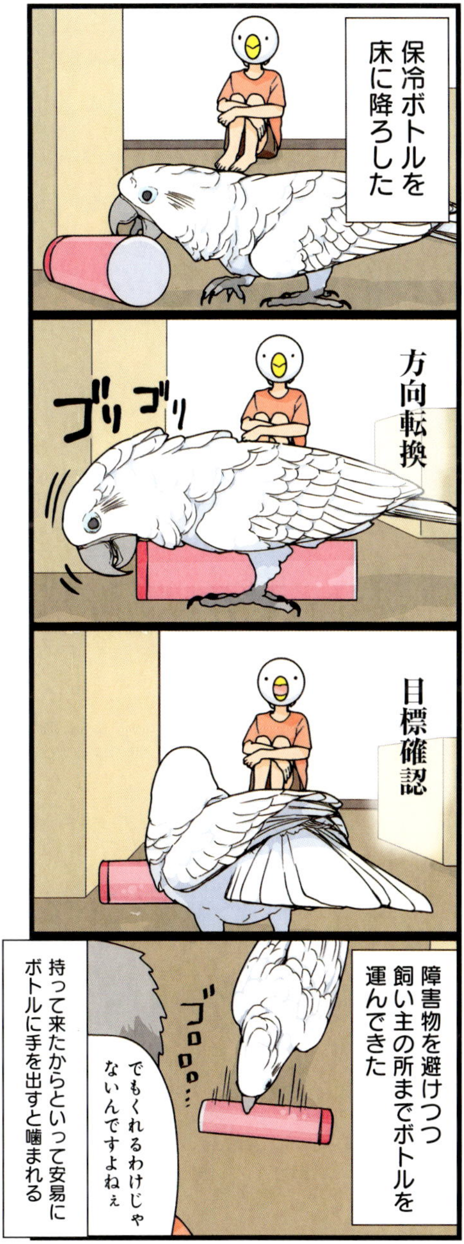
保冷ボトルを床に降ろした
方向転換
ゴリゴリ
目標確認
障害物を避けつつ飼い主の所までボトルを運んできた
ゴロロo…
でもくれるわけじゃないんですよねぇ
持って来たからといって安易にボトルに手を出すと噛まれる

オモチャ持参で来られると困ります。

本体を狙う

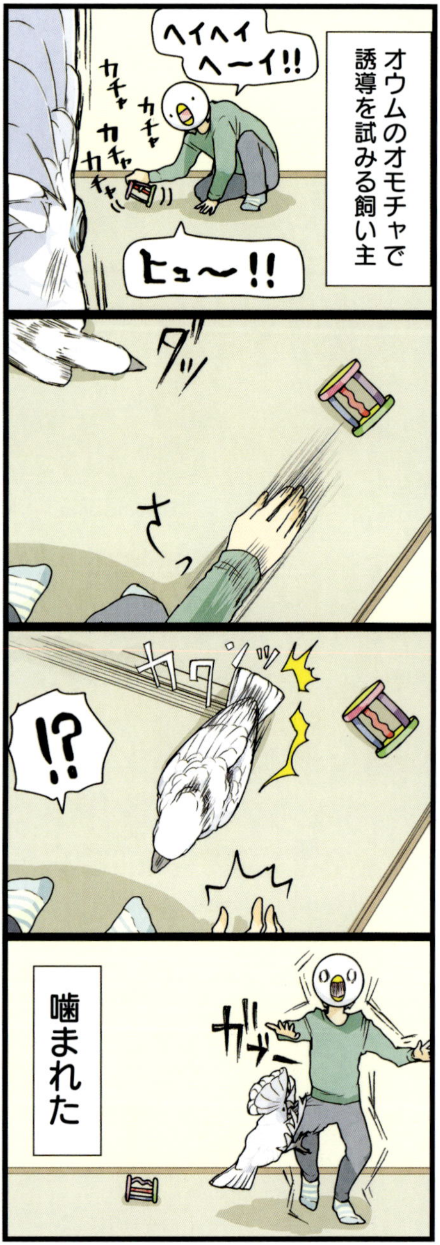
オウムのオモチャで誘導を試みる飼い主
ヘイヘイヘ〜イ!!
カチャ カチャ カチャ カチャ
ヒュ〜!!
ダッ
さっ
!?
噛まれた
ガブー

挑発行為を許さないオウム。

とばっちり

オモチャを見せびらかしたらオウムに脚を噛まれてしまった
!
あんな所にワラジムシが…
ぱっ
あっ
虫の上にダイブ
ワッワラジムシが

再度　噛みつこうとしたのか、
クチバシを離して落ちました。
足の踏ん張りが足りなかったようです。

行方不明

飼い主に噛みついたあと背中からワラジムシにダイブしたオウム
ぐりん
こっぜん
あれ？ワラジムシいません？
えっ もしかして羽の中に入り込んだ？
どこ入りました？ここ？この辺？
どこにも
いない…
えっ 消えた…？
オァッ
翌日部屋の隅で死骸を発見
果たしてこれは同じ個体なのだろうか…

羽の中に入り込んだかと思いましたが、
風圧で飛ばされていたようです。

いくつになってもオモチャがお好き？

最近は気持ちが一歩引いて
……
すぐにカッとなることが減ったオウム
オモチャに対する執念も激減
……
ろう君取りに行かないの？
あそこはもう範囲外？ちょっと行けば取れるじゃないですか
いやぁー…丸くなったものですねぇ
オモチャを見ただけで飛びかかってきたあの頃が懐かしい…
確かに丸くはなった
丸くはなったが
今でもお気に入りオモチャを人が持つと略奪スイッチが入る
油断ダメ・絶対――！

ちょうど良いサイズ

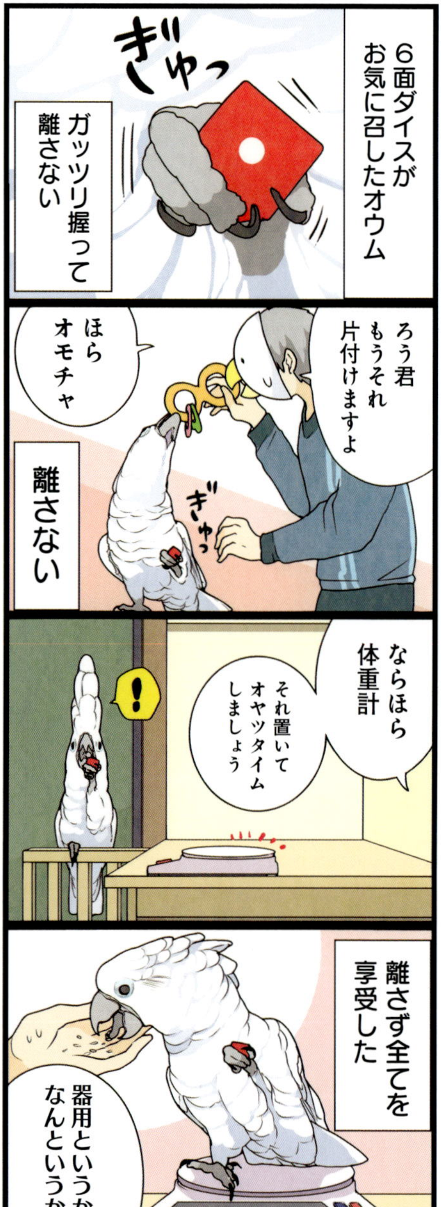
ぎゅっ
6面ダイスがお気に召したオウム
ガッツリ握って離さない
ろう君もうそれ片付けますよ
ほらオモチャ
離さない
ぎゅっ
ならほら体重計
それ置いてオヤツタイムしましょう
!
離さず全てを享受した
器用というかなんというか

四角形が一番握りやすいようです。

サイコロころころ

ダイスを転がす飼い主
そしてオウム
コロロロロ
転がったダイスをオウムが拾いあげ
スッ
スッ
改めて転がす
ペッ
コロロ
カツーンッ
そしてオウムが再度ダイスを転がす前に出た数字を読み取るのだ
ペシンッ
あっ ちょっ 今の数字何でした!?
コロロロロ

サイコロを転がすのは楽しいので
オウムの乱入も仕方ありません。

ダイスたくさん！

出目が偏る10面ダイス
特定の数字ばっかりでる…
偏り解消のため新しいダイスを購入
出目が低いのはどれだ
カラララ
優良ダイスを選別する
にゅっ
審査員が増えた

オウムも混じりたい遊びたい。

各種お試し

カチャ…
ペイッ
4面ダイス
8面ダイス
ポトン
20面ダイス
6面ダイス
ぎゅっ
6面ダイスが一番しっくりくるのだそう

やっぱり正方形！

ダイス（サイコロ）は何に使うの？

twitterでたまに行っている書籍キャンペーンで使用してます。

いたずらオウムの書籍を買ってくれた人へのちょっとしたサプライズですね

ダイスの出目からあみだ開始
↓
当選者に番号を振る
↓
ダイスで何が当選したか決める

オウムも決めた

おNEWがいいよね。

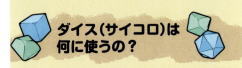

油断大敵

今日も隣の芝が青く見えるオウムです。

ふいに一撃

噛まれる可能性を考えて上半身を毛布で
ガードしてたら脚にきました。

運命の分かれ道
！
オウムの選択によって飼い主に訪れる未来が変わる…
じっ

バッドエンド

ギョッ

オモチャを入手したオウムがアタッカーに！

救済

ホッ
くるっ
トスッ
トスッ

HAPPY END
まったり〜

一時の安心が訪れたかと思いきや、
油断するとオウムがオモチャで武装してしまうので気が抜けない。

感動もひとしお

久しぶりにお気に入りオモチャをセット！
1年ぶりだよ！
!?
気付いた！
バッ
くいついた！
アー！！
叫んだ！

喜びを体現

約1年ぶりにお気に入りのオモチャを手に入れたオウム
ガガガガッ
とにかく嬉しくてたまらない
オモチャを引きずり回して遊んだあと
カゴに登り
踊り出した
特別な思い入れのあるオモチャには再会のダンスが与えられるようだ
ぐいん
ぐいん ぐいん

このオモチャが大好きなろうですが、
残念なことに生産終了してしまったようです。
このオモチャが壊れてなくなってしまうときを思うと心苦しい飼い主です。

宝が手中に

オモチャで遊んでいたオウムが静かになった
バテてる？
覗いてみると…
スッ
スッ
スッ…
オモチャを掲げてうっとりしていた
ドヤァ…

様々な角度から見ています。

手放せない

遊び疲れて眠そうなオウム
まだ持っている
ろう君眠い？
ス…
……
コトン
ろう君
スッ
なぜか残った余力でオモチャをアピールしてみせる

このオモチャを持っているときだけよくやります。

最近のお気に入りオモチャランキング！

1位
お気に入りオモチャと言えば
やっぱりこれ！
もうこのオモチャは
売っていません。
早く代わりになる
おもちゃを見つけ
ないと…
馬のオモチャ

2位
興奮しすぎて一時封印された
いわくつきオモチャ
こちらは今も
販売中で
丈夫で長持ち！
幼児用ガラガラ

3位
一時的に煌めいて
消えていったオモチャ
気に入られても作りが弱い
とすぐなくなってしまいます
今はなき英雄たち

過去
1位

他
残念ながら
現在は人気が落ち目
オモチャというより歯磨き
の感覚で消費されるもの
も多い。今は微妙な扱い
ですが、いつかブームがく
るかもしれません

宝物発見

飼い主が隠したオモチャを発見！
！
ガッタ
ガッタ
ガッタ
バレちゃったかー
ヘルプ要請が来た
ろー
うぅ〜
オーゥ
オ゙ッ
オ゙ア
オバッ
オアヨッ
自力でがんばって下さい

困ったときの飼い主頼み…ですが
上手くいくかは飼い主の気分しだい。

一見すると穏やかで大人しそうなオウム
まるで白い天使…
カワイイ
いやされる
かしこい
やさしい
きれい
あまえんぼ

果たしてそうかな！？
バイオレンス編

人質は貴方自身

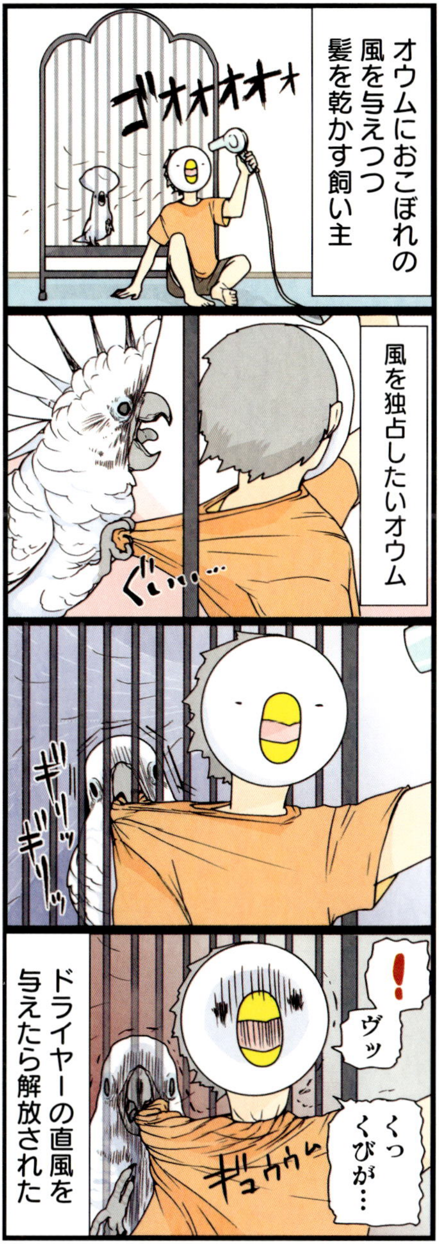

クチバシで衣類を器用にねじってきます。

あつつつ

便利そうに見えてどの暖房器具も一長一短です。
エアコンだけだと暖かさが足りません･･･。

ペンが欲しい

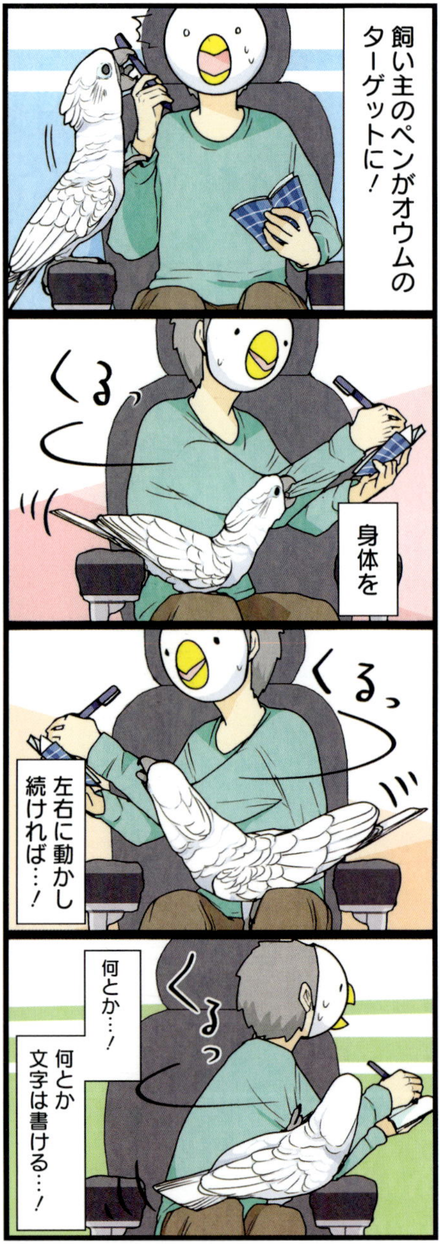
飼い主のペンがオウムのターゲットに！
くるっ
身体を
くるっ
左右に動かし続ければ…！
くるっ
何とか…！
何とか文字は書ける…！

ペンや筆が好きなよう。

のちに後悔

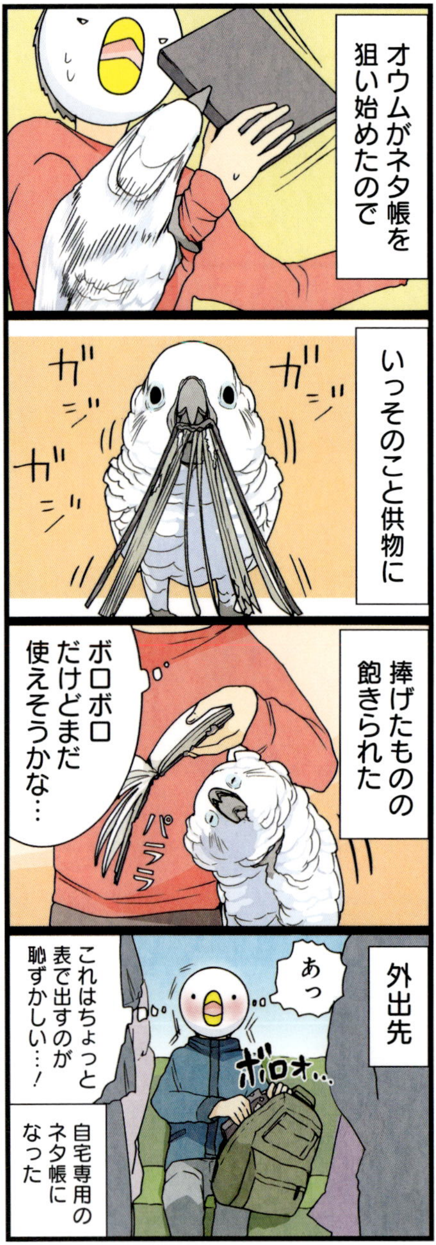
オウムがネタ帳を狙い始めたので
いっそのこと供物に
ガジ
ガジ
ガジ
捧げたものの飽きられた
ボロボロだけどまだ使えそうかな…
パラララ
外出先
あっ
ボロォ…
これはちょっと表で出すのが恥ずかしい…！
自宅専用のネタ帳になった

恥ずかしさを思い出しました。

オウムセンサー

オウムに気配をさとられず掃除をしたい飼い主
よし今ならいけそう
ガリガリガリガリ
ギクーン
ピョーン
ENEMY！
STANDBY
スッスッ
オウムはしばらく待機したあと持ち場へ戻った
スッ
なかなかするどいセンサーが張られているようだ

なるべく邪魔されずに
掃除を済ませたい飼い主です。

たまらない

オウム部屋の掃除開始
ガサ
ガサ
！
ガサ…
バッ
バッ
バッ
ワッシャー
楽しいらしい

ビニール袋に引き寄せられています。

アタタタック！

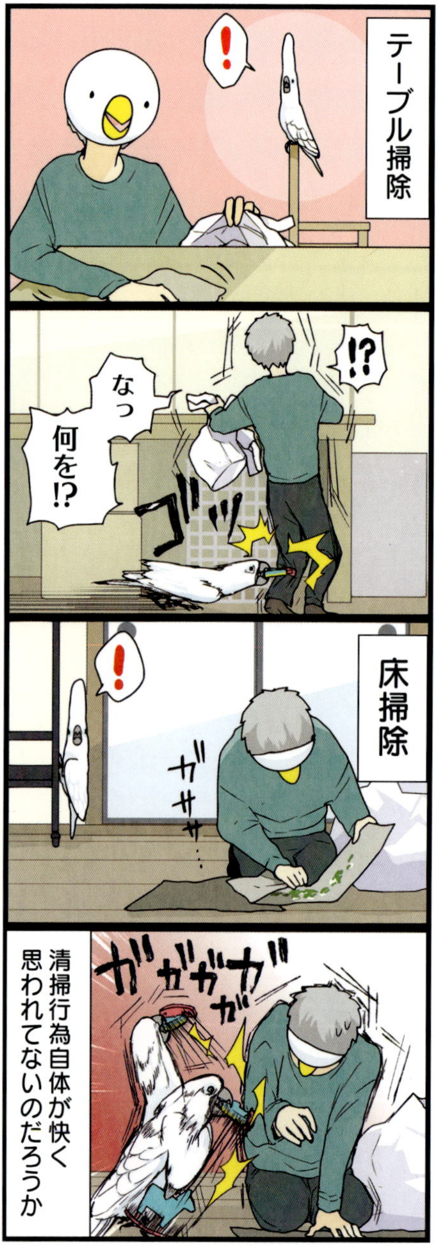

遊びたいからか、妨害目的か、
はたまたその両方か…。

ラッシュ！

もはやオモチャではなく武器である。

見た！

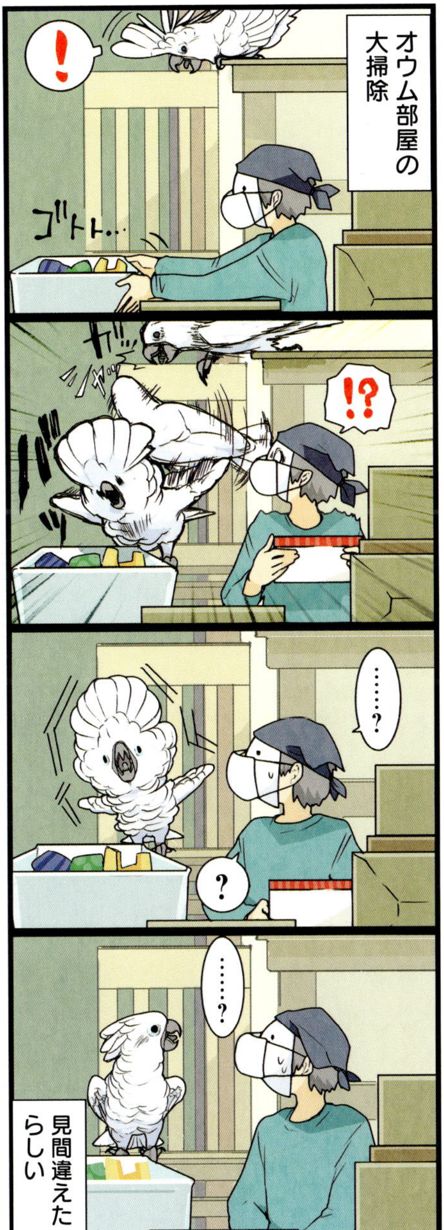

！
オウム部屋の大掃除
ゴトト…
!?
……?
?
……?
見間違えたらしい

びっくりしました。

作業成果

天井掃除
にゅっ
飼い主の両手がふさがっているときは
イタズラチャンス！
ブス
ブス
ブス
この日もズボンの股に穴が開いた
おっ
おっじゃないですよ

内太ももとか股間近くとか、
そんな所ばかり穴が広がっています。

ハバタクタイハク

ぐっ ぐっ
バササササ
ダダダダダダダ
えっ 何の音!?
羽ばたきの振動でケージが細かく床を打ち鳴らしていた
ダダダダダダダダ
大型オウムの羽ばたきは力強い

上手に羽ばたくと結構な風圧が来ます。

匠とケージ

オウムがお休みケージから出てこない
ガリガリガリ
まぁ もうちょいしたら出てくるでしょう
3時間後
のそり
こっちでゴハンとお水飲んで下さい
今日はすごくこもりましたね…
さて掃除を…
ギョッ
カゴ四隅のうち一箇所を集中的にかじり続け深いV字を作り上げていた
確かにこのあたりかじってたけど
えっ こんな なって ませんでしたよね?
すごっ

底だけ別売りしてました。助かります。

やめられないとまらない

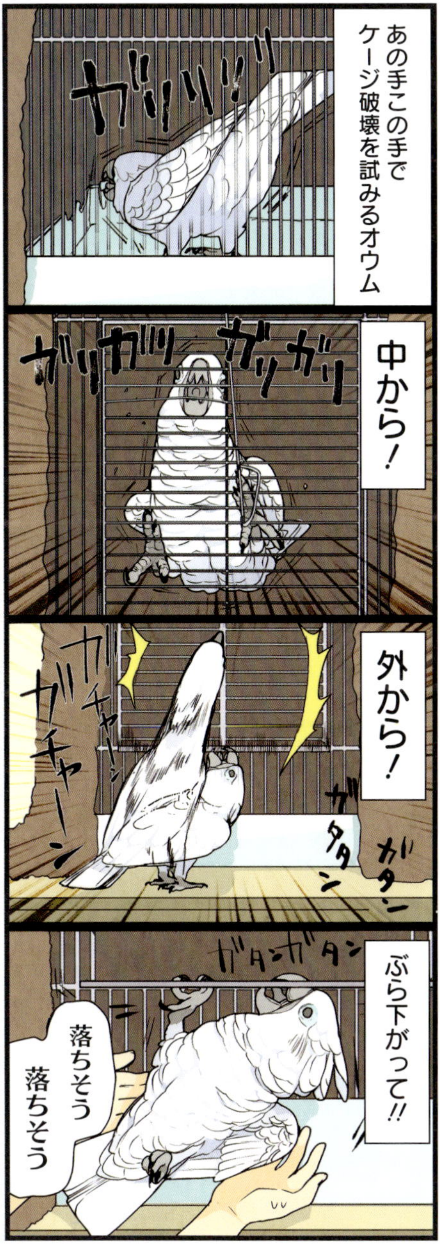

手段を選びません。

ひとり遊び推奨

巻き込みご遠慮下さい。

通り道

そちらに出せとアピールするオウム
でたい でたい
出た
だっこします？
ぎゅむ
飼い主は単なる移動手段に過ぎなかった
ガ!!
目的はイスだ！

飼い主は輸送手段のひとつ。

あああ…

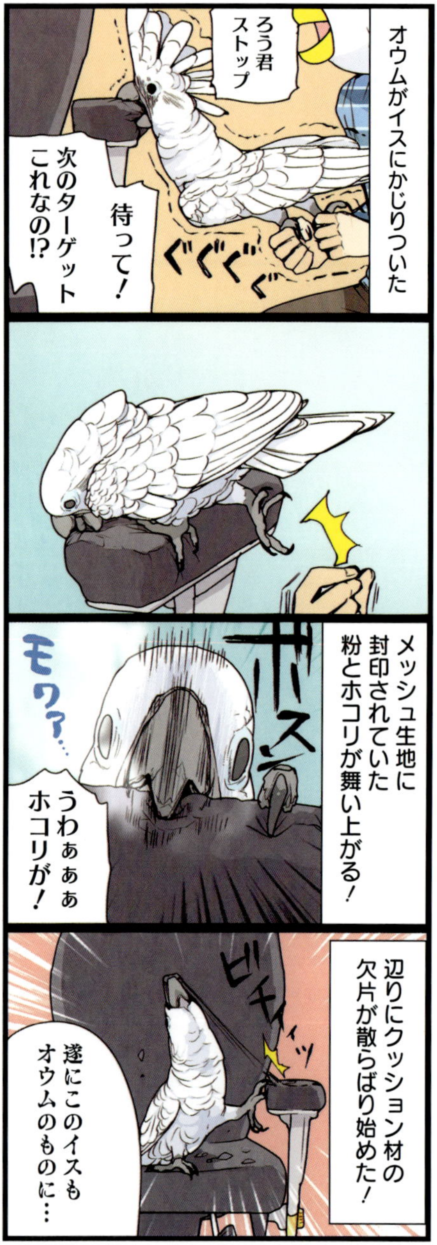
オウムがイスにかじりついた
ろう君ストップ
待って！
次のターゲットこれなの!?
ぐぐぐぐ
メッシュ生地に封印されていた粉とホコリが舞い上がる！
ボス
モワァ…
うわぁぁぁホコリが！
辺りにクッション材の欠片が散らばり始めた！
ビチィィッ
遂にこのイスもオウムのものに…

もう色々と諦めてます。

夢中

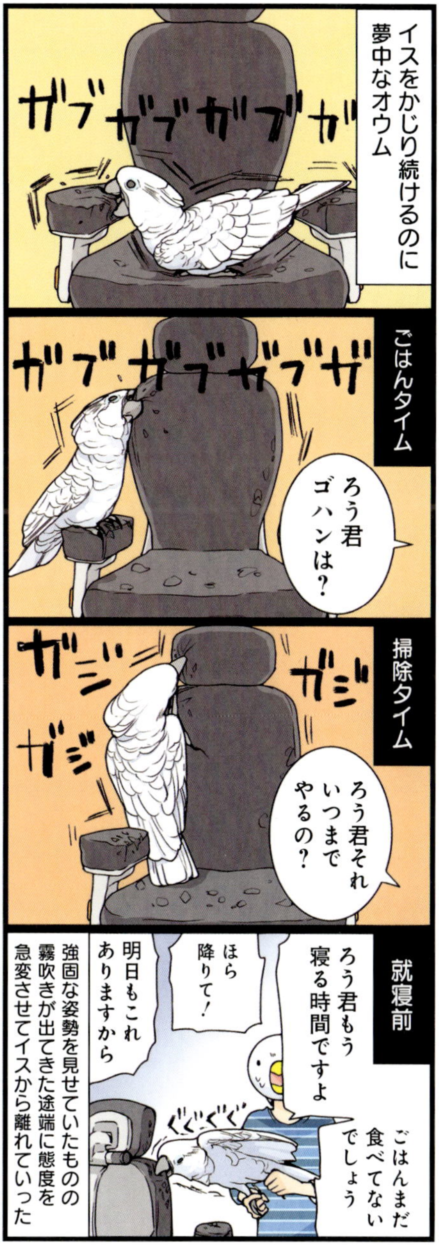
イスをかじり続けるのに夢中なオウム
ガブガブガブガブガ
ごはんタイム
ガブ、ガブガブガブガブ
ろう君ゴハンは？
掃除タイム
ガジガジガジ
ろう君それいつまでやるの？
就寝前
ろう君もう寝る時間ですよ
ほら降りて！
明日もこれありますから
強固な姿勢を見せていたものの霧吹きが出てきた途端に態度を急変させてイスから離れていった
ぐぐぐぐぐ
ごはんまだ食べてないでしょう

この日は丸一日近くイスにはりついていました。

贅

オウム部屋に昨晩オウムが夢中になっていたイスを設置
お好きにどうぞ
カチッカチッ
コッコッコッ
おはよう？ぴ〜あ〜〜…
とりあえず話しかけてみる
乗った
………
何とも微妙な反応…
遂に離れてオモチャで遊び始めた
ろう君イスは？
カチャカチャ
どうやら「飼い主の所にあるイス」じゃないとイマイチらしい

我がままに生きています。

オウム進出

作業用のイスを処分したので
床に座って作業する飼い主
私がトドメをさしました！
身体中が痛くなってきたのでオウム用のイスを拝借した
足は痺れにくくなった…
新しいイスが届くまでこれで何とか…
しかし厄介な問題がある
にゅっ
オウム用のイスだけあってオウムが簡単に上まで登れてしまうのだ
ブルルルルルル
こっ
粉がぁッ

オウムの襲撃開始！

妨害

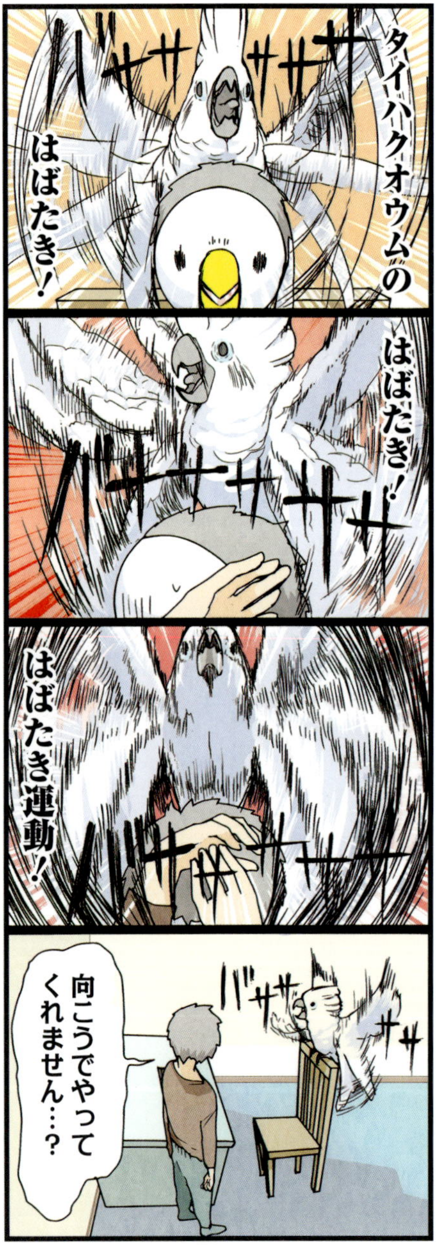
タイハクオウムのはばたき！
はばたき！
はばたき運動！
向こうでやってくれません…？

背後を取られるのは厳しいです。

背後のリスク

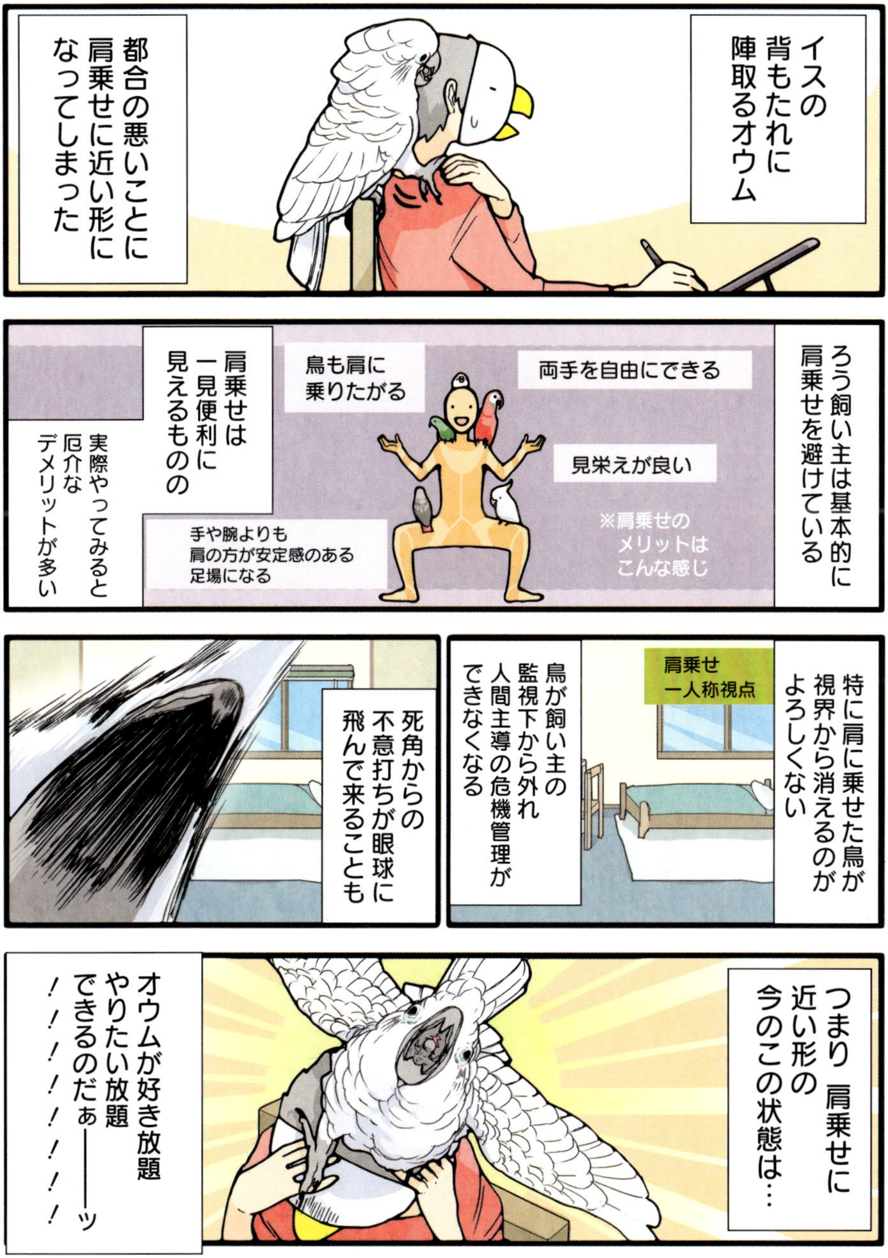

イスの背もたれに陣取るオウム
都合の悪いことに肩乗せに近い形になってしまった
ろう飼い主は基本的に肩乗せを避けている
両手を自由にできる
鳥も肩に乗りたがる
見栄えが良い
※肩乗せのメリットはこんな感じ
手や腕よりも肩の方が安定感のある足場になる
肩乗せは一見便利に見えるものの
実際やってみると厄介なデメリットが多い
特に肩に乗せた鳥が視界から消えるのがよろしくない
肩乗せ一人称視点
鳥が飼い主の監視下から外れ人間主導の危機管理ができなくなる
死角からの不意打ちが眼球に飛んで来ることも
つまり 肩乗せに近い形の今のこの状態は…
オウムが好き放題やりたい放題できるのだぁ——ッ！！！！！！！！

普段登ることのない頭にだって登っちゃいます。
この状態でオウムが体勢を崩して滑ると足や爪、クチバシが目や耳に入ります。危ない！

武器持ち

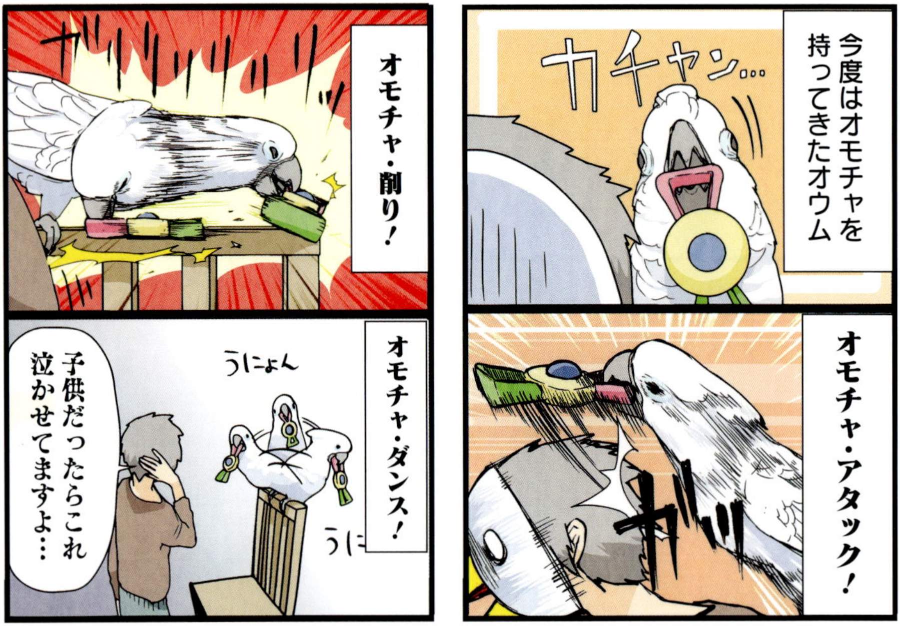
今度は持ってきたオウム
カチャン…
オモチャ・アタック！
ガッ
オモチャ・削り！
ガリリリリリリッ
オモチャ・ダンス！
うにょん
うに
子供だったらこれ泣かせてますよ…

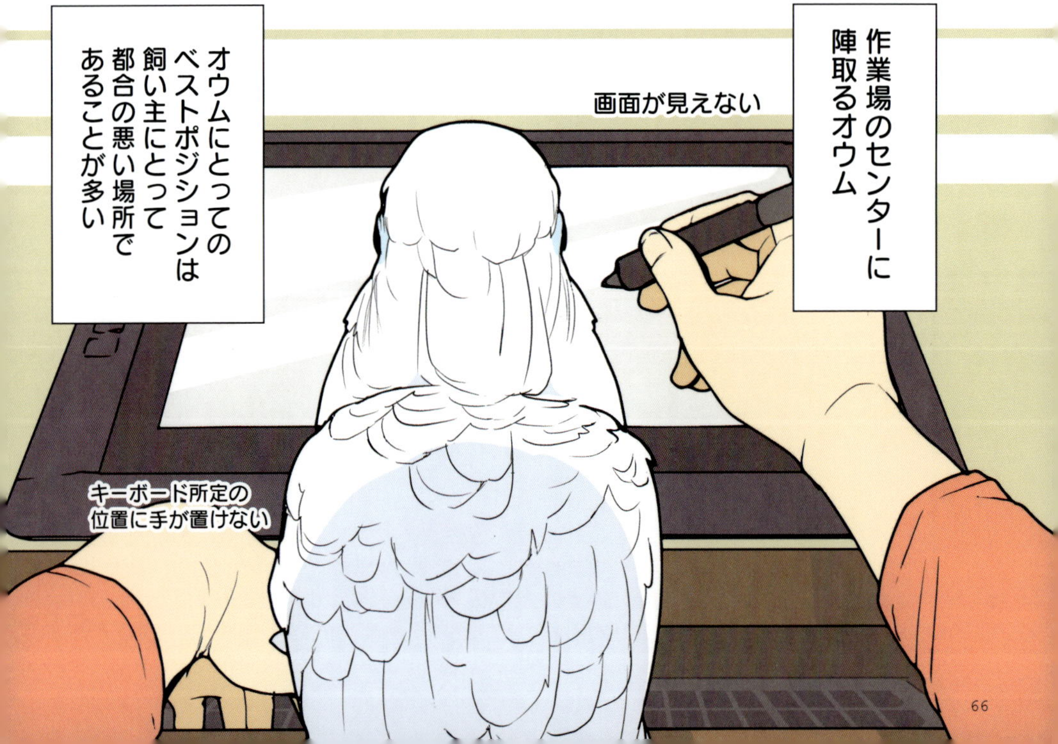
作業場のセンターに陣取るオウム
画面が見えない
オウムにとってのベストポジションは飼い主にとって都合の悪い場所であることが多い
キーボード所定の位置に手が置けない

キーボードの悪夢1

キーボードの悪夢2

たまに飼い主も知らないようなショートカットを作動させます。侮れません。

寝られるイス1

新しいイスが届いた
この型のイスはオウムが登るのに適してないのが良い
でも飼い主を使うと簡単に登れてしまう
よじり
よじり
脚にしがみついてよじ登ったり
なでてのポーズで誘い出した手にしがみついたり
ぐぐぐぐぐ
爪がメチャクチャ食い込む
ガシィッ
結局こうなる
ボスン
アーッ
背後を取られることがなくなっただけでも良かったです

オウムと同じ空間にあればこうなりますよね…。

寝られるイス2

新しいイスはフルリクライニングで寝られるそうだ
どれどれ
あぁ これは確かに…
スヤァ…
ねれそう
寝られるかどうかはオウムの気分次第
バアーアーア

生存確認で声をかけてくることもありますが、
大体は不満や文句です。
オウムの昼寝時間と被れば何とか…。

プチプチ防寒

ガラス戸にプチプチを装着
これ実際どの程度の効果があるんですかね…？
ないよりはマシくらい？
ビッ
ビリイッ
早いですねろう君
これ穴開いてても効果ありますかね…
あっ！穴から冷気が流れ込んできてる！他の所は防いでる…！
ひんやぁり
穴をふさげばそれなりの効果があるようだ

良い感じの目隠しにもなります。
多少なりとも効果があったので今後も
冬季はプチプチをつけて過ごそうと思います。

大物へ挑む

ガジガジガジガジ
ガジガジガジガジ
ボスン
ボスン
ボスンッ
大物を壊す達成感がオウムをつき動かす
ガタガタガタタ
困るぅ…

昔、格闘ゲームで自動車を破壊するボーナス
ステージがあったのですが、
そんな感じだと思います。

知らないオウムに噛まれたときの対処法

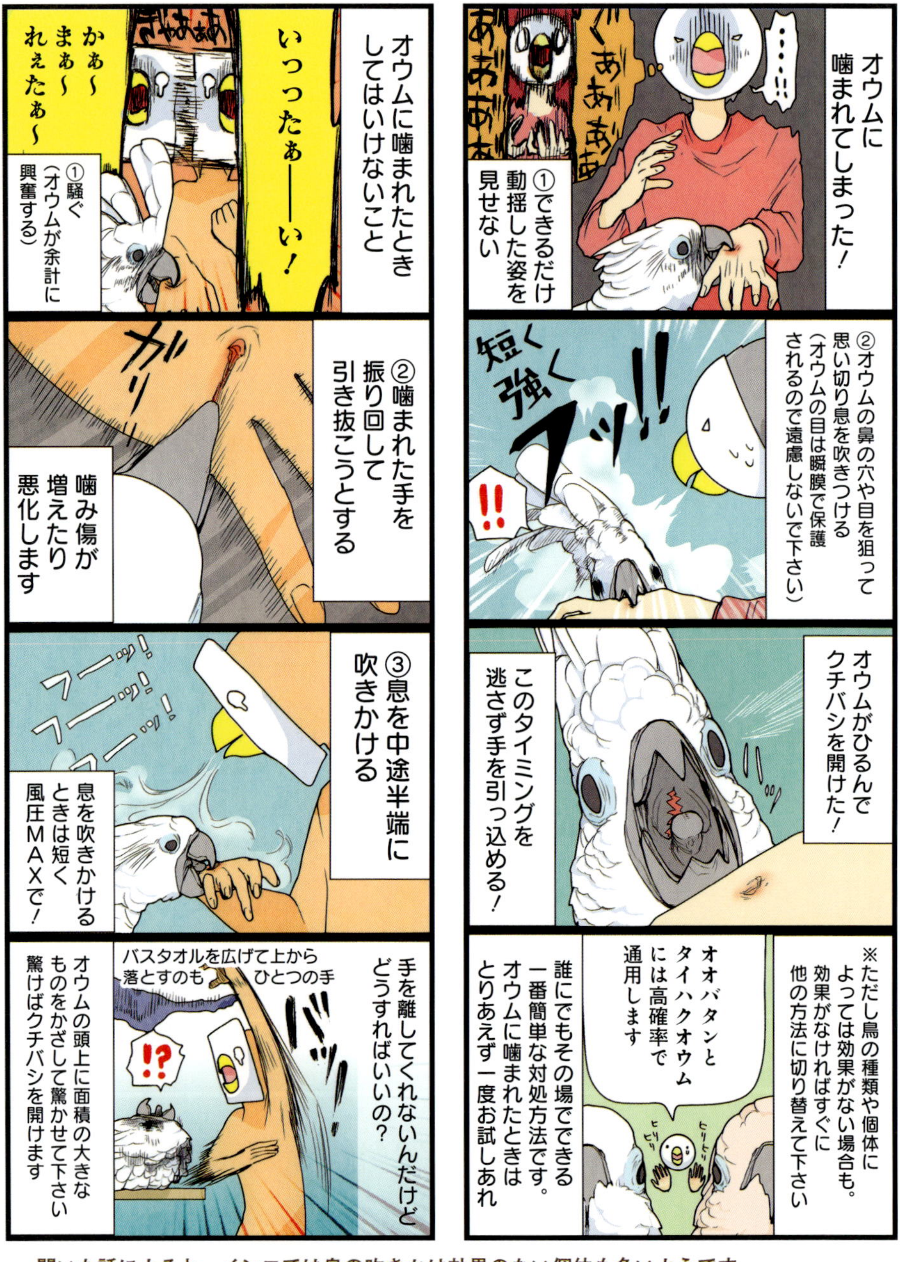
オウムに噛まれてしまった！
…!!
①できるだけ動揺した姿を見せない
②オウムの鼻の穴や目を狙って思い切り息を吹きつける（オウムの目は瞬膜で保護されるので遠慮しないで下さい）
短く強く
フッ!!
!!
オウムがひるんでクチバシを開けた！
このタイミングを逃さず手を引っ込める！
※ただし鳥の種類や個体によっては効果がない場合も。効果がなければすぐに他の方法に切り替えて下さい
オオバタンとタイハクオウムには高確率で通用します
誰にでもその場でできる一番簡単な対処方法です。オウムに噛まれたときはとりあえず一度お試しあれ
ヒリヒリ
ヒリヒリ
オウムに噛まれたときしてはいけないこと
いっったぁ――い！
かぁ～まぁ～れぇたぁ～
①騒ぐ（オウムが余計に興奮する）
②噛まれた手を振り回して引き抜こうとする
ガリ
噛み傷が増えたり悪化します
③息を中途半端に吹きかける
フーッ！
フーッ！
フーッ！
息を吹きかけるときは短く風圧MAXで！
手を離してくれないんだけどどうすればいいの？
バスタオルを広げて上から落とすのもひとつの手
バッ
!?
オウムの頭上に面積の大きなものをかざして驚かせて下さい驚けばクチバシを開けます

聞いた話によると、インコでは息の吹きかけ効果のない個体も多いようです。
ケースバイケースで使い分けて下さい。
絆創膏は鎮痛効果のある高いやつがおススメです。
※絆創膏の説明書を読んで、ばい菌が入らないときに使ってね！

食べられるものが
ちょっとだけ増えたよ！

食べ物編

何の音!?

ゴッゴリ
フード食べてる？
バキッ
バリ
ボリリリリッ
!?
フードの音じゃない!?
ボキィッ
えっ ろう君 何 食べてるんですか
あっ それは…!?
かじりん棒の欠片でクチバシを掃除していた
パキキ
ペッ
パラララ…
紛らわしいことを…!

食後にティッシュや木でクチバシの汚れを取っています。

最短ルート

小松菜をセット
!
チャプン
ぐぐぐぐ…
ぐぐぐぐ
ぐぐぐぐ
ぐぐぐ
未だ脚の長さの自覚が足りていない

しばらく頑張っていました。

カリカリフード

カリカリフードを水につけて食す
浸してすぐの
表面しっとり
中カリカリが好き
カリッ
モソッ…
モソッ
おかわり
だぱぁ
ポイチャーン
ふやぁ…

完全にふやけたフードも好きなので、
その時その時の気分で好きな風に食べています。
カリカリ気分のときに湿っていると諦めます。

カリカリ…

フードがふやけないよう間に種を挟んで設置
水
種
(シード)
フード
ざぱー
ビッチャ
ビッチャ
被害が増えた
だぱー

クチバシに優秀なバケツをお持ちで…。

食べられるごはん

偏食激しい我が家のオウム
食べる!
食べない!!
ポイする
鳩のエサもこの有り様
だったものの——…
カッカッ
あれ?ろう君それソバの実…
モソッパラッ
モソッパラ…
食べた!?
じっ
今までずっと食べなかったのに…
バラララララ
えっ おかわりも!?

嬉しい限りです。

かかる年月

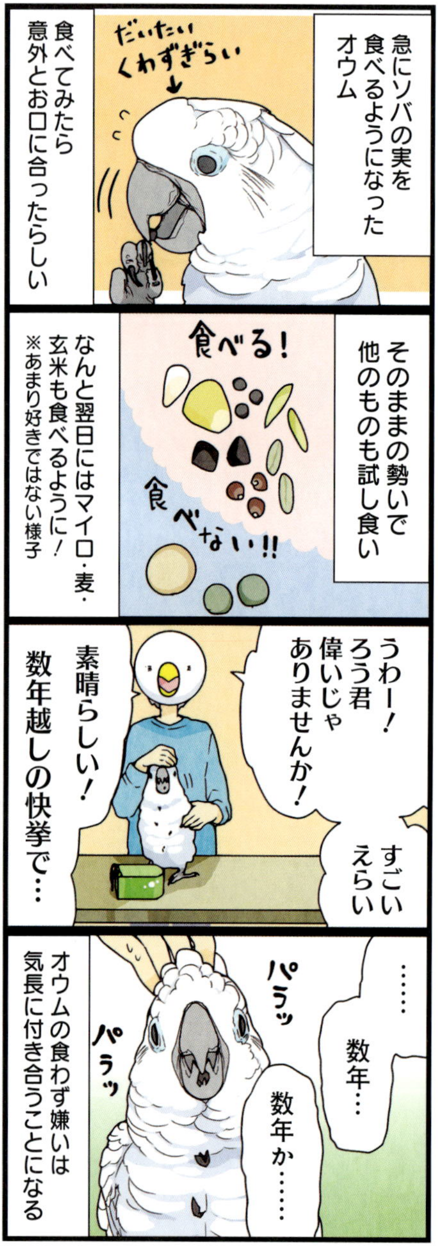
急にソバの実を食べるようになったオウム
だいたいくわずぎらい
食べてみたら意外とお口に合ったらしい
そのままの勢いで他のものも試し食い
食べる!
食べない!!
なんと翌日にはマイロ・麦・玄米も食べるように!
※あまり好きではない様子
うわー!ろう君偉いじゃありませんか!
すごいえらい
素晴らしい!
数年越しの快挙で…
……
数年…
数年か……
パラッ
パラッ
オウムの食わず嫌いは気長に付き合うことになる

このあと皮を剥いたそばの実を購入したものの、食いつきが悪くほとんど食べませんでした。皮付きじゃないとダメなよう。

粟穂チャレンジ！

以前与えたときは放置され フンまみれになり処分された粟穂
久しぶりに再チャレンジ
ビクッ
ろう君粟穂どうぞ
スッ
これ食べ物ですよ
食べ物ですよ
ペシッ
ペシン
食べ物ですって

虫や髪の毛と同じ反応をしています。

本当に食べてる？

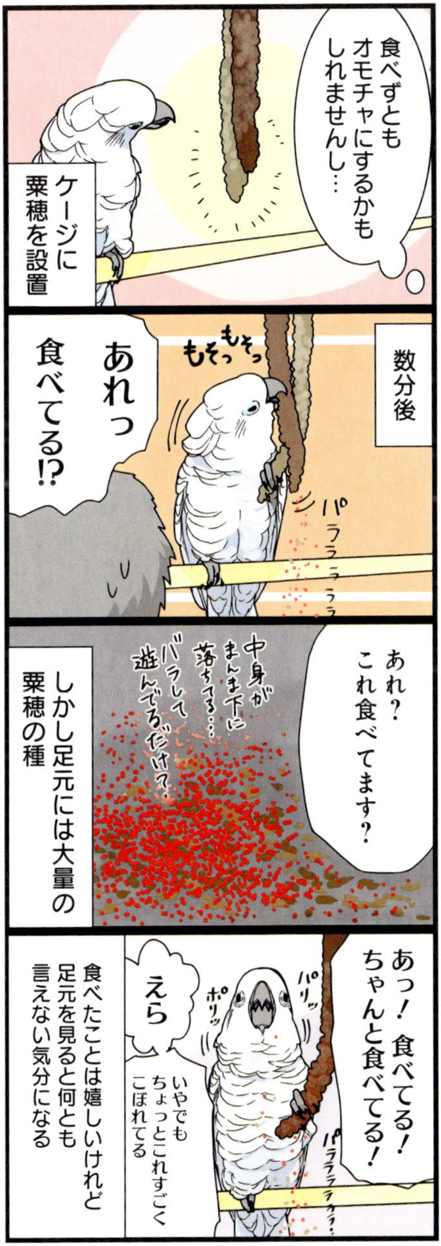

ケージに粟穂を設置
食べずともオモチャにするかもしれませんし…
数分後
もそっもそっ
あれっ食べてる!?
パラララララ
しかし足元には大量の粟穂の種
あれ？これ食べてます？
中身がまんま下に落ちてる… バラして遊んでるだけで…
あっ！食べてる！ちゃんと食べてる！
パリッ
ポリッ
えら
いやでもちょっとこれすごくこぼれてる
パラララララ…
食べたことは嬉しいけれど足元を見ると何とも言えない気分になる

食べられる物が増えるのはありがたいです。

粟穂デメリット

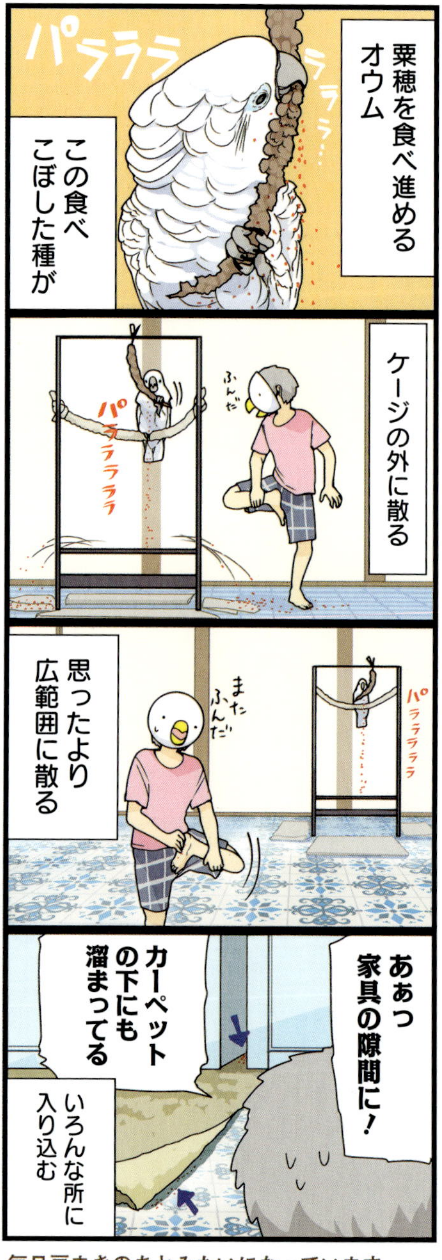

毎日豆まきのあとみたいになっています。

絶望

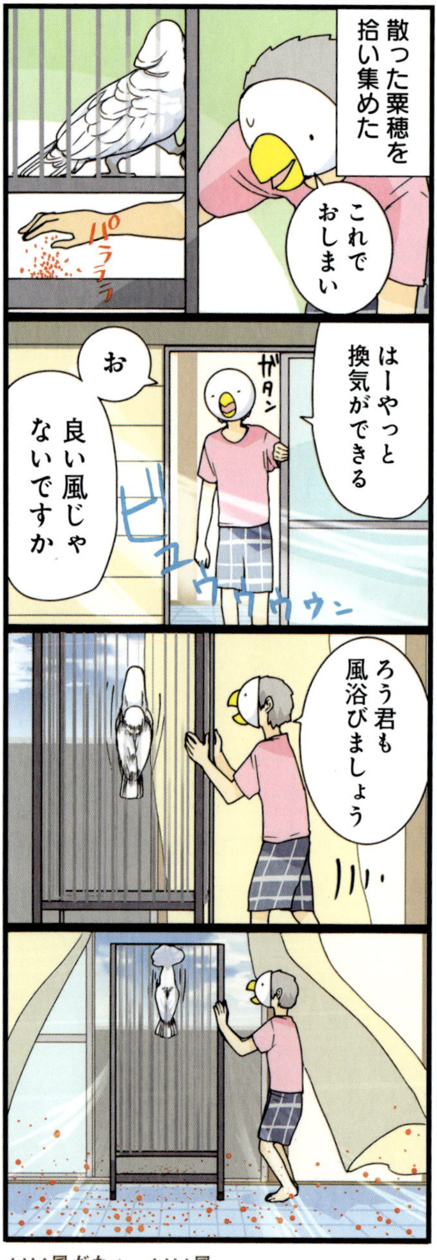

いい風だなぁ…いい風…。

粟穂の品質

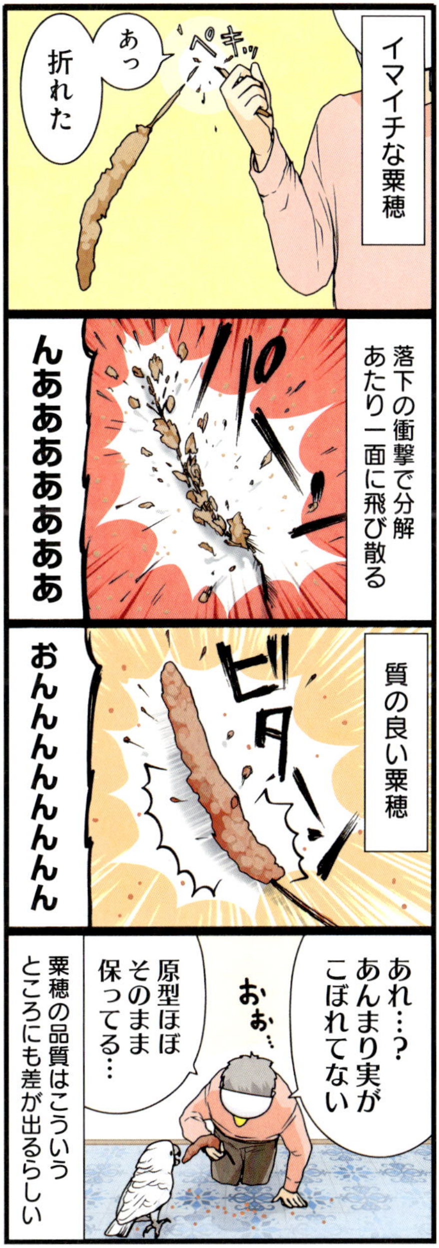

質の良いものは違います。

密集の恐怖

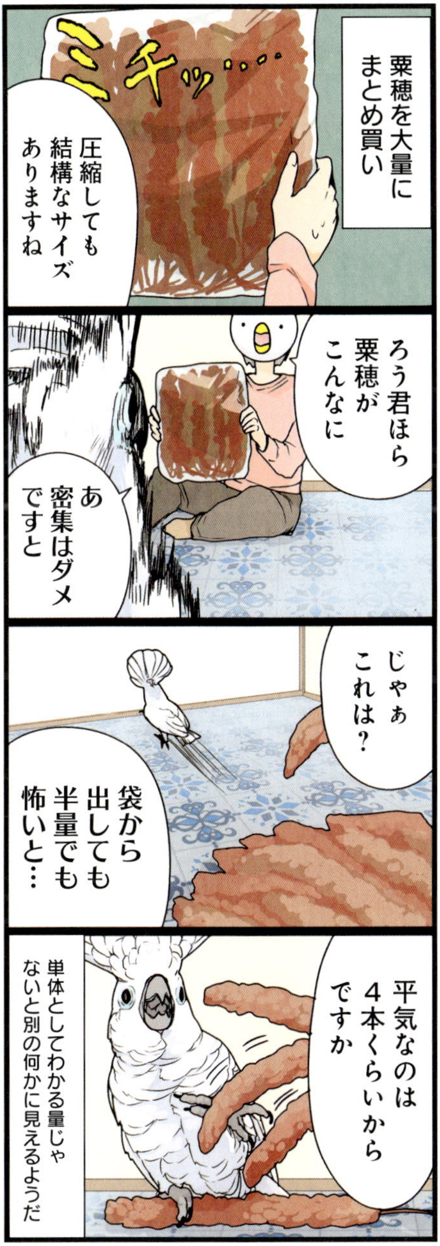

何となく苦手な気持ちもわかります。

食後のお手入れ

ベタつく食後のあとにはすかさずティッシュ
ベタァァァ…
サッ
ティッシュが遅れると
ベタァ
脚でベタベタをぬぐう
そして四方八方にベタベタをなすりつける（脚のベタベタは放置状態）
べベタァァァァァッ
果汁でこれをやられるとアリホイホイに
食後のティッシュの有る無しだけで片付けの量が激減する
ギョリ
ギョリ
ティッシュ様々です

食後のティッシュ１枚でかなり変わります。

上手いやりかた

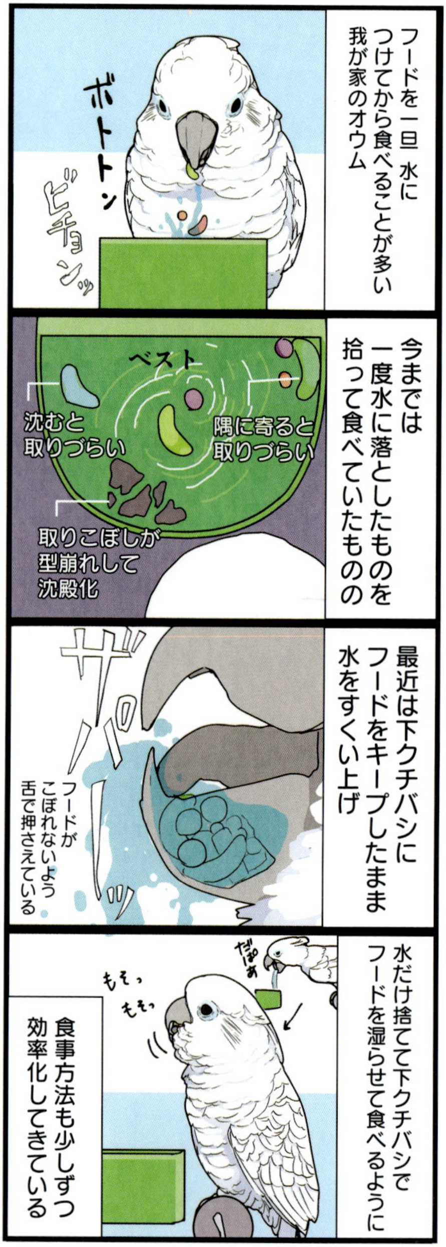
フードを一旦 水につけてから食べることが多い我が家のオウム
ボトトン
ビチョンッ
今までは一度水に落としたものを拾って食べていたものの
ベスト
隅に寄ると取りづらい
沈むと取りづらい
取りこぼしが型崩れして沈殿化
最近は下クチバシにフードをキープしたまま水をすくい上げ
ザパーッ
フードがこぼれないよう舌で押さえている
水だけ捨てて下クチバシでフードを湿らせて食べるように
だぱーあ
もそっ
もそっ
食事方法も少しずつ効率化してきている

今後も便利な食べ方を見つけていって欲しいと思っています。

寝る前の…

就寝前の
クチバシ掃除
ゴリゴリ
捨てたティッシュが
飲み水の中に
ペッ
チャプン
指で防ごうと
試みる飼い主
何で毎回 水入れの上に 持ってくるんですか
器用に隙間に
落とされた
ひらり
チャプン

いやがらせ（妨害）かいたずら説が
飼い主の中に浮上しています。
フードではなく水の方にばかり落とします。
よし今だ！

食べる気のないものを
しつこく勧められた場合
ろう君 オヤツ
タネ
寝る前じゃなくて 今食べましょうよ
……
今
とりあえず
受け取り
下クチバシに仕舞い込む
ピンポーン
じっ
もふ…
ハーイ
ペッ
タイミングを見計らって
捨てるのだ

渡す厚意と受け取る厚意。
「ばれなきゃお互い幸せ」感があります。

取るな！

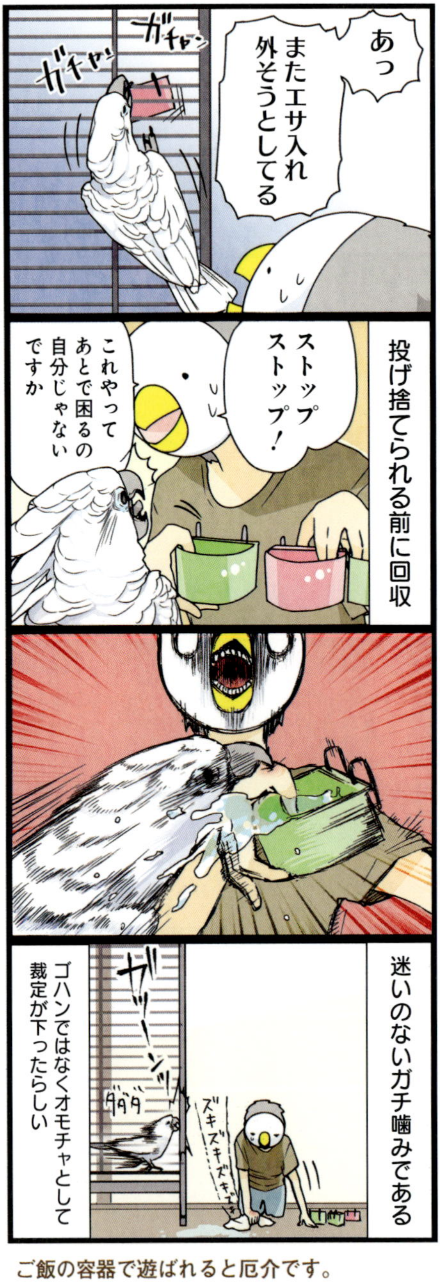
ガチャン
ガチャン
あっ またエサ入れ外そうとしてる
投げ捨てられる前に回収
ストップストップ！
これやってあとで困るの自分じゃないですか
迷いのないガチ噛みである
ガブーッ
ダダダ
ズキズキズキズキ
ゴハンではなくオモチャとして裁定が下ったらしい

ご飯の容器で遊ばれると厄介です。
どうにもならなくなったら固定型の容器を導入します。

今を生きるオウム

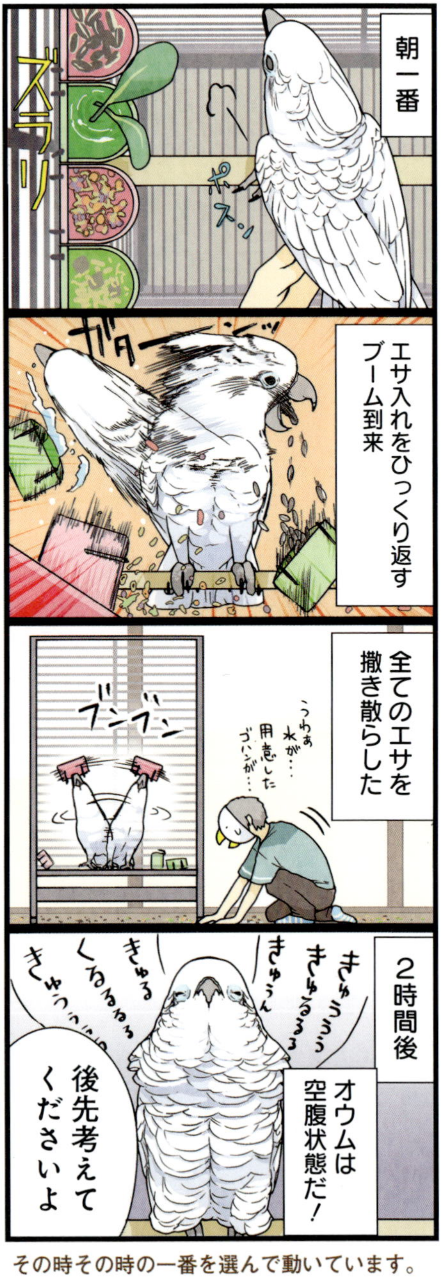
朝一番
ズラリ
ポスッ
エサ入れをひっくり返すブーム到来
ガターン
全てのエサを撒き散らした
ブンブン
うわぁ 水が… 用意したゴハンが…
2時間後
きゅるるる
きゅうん
きゅる
くるるるる
オウムは空腹状態だ！
後先考えてくださいよ

その時その時の一番を選んで動いています。

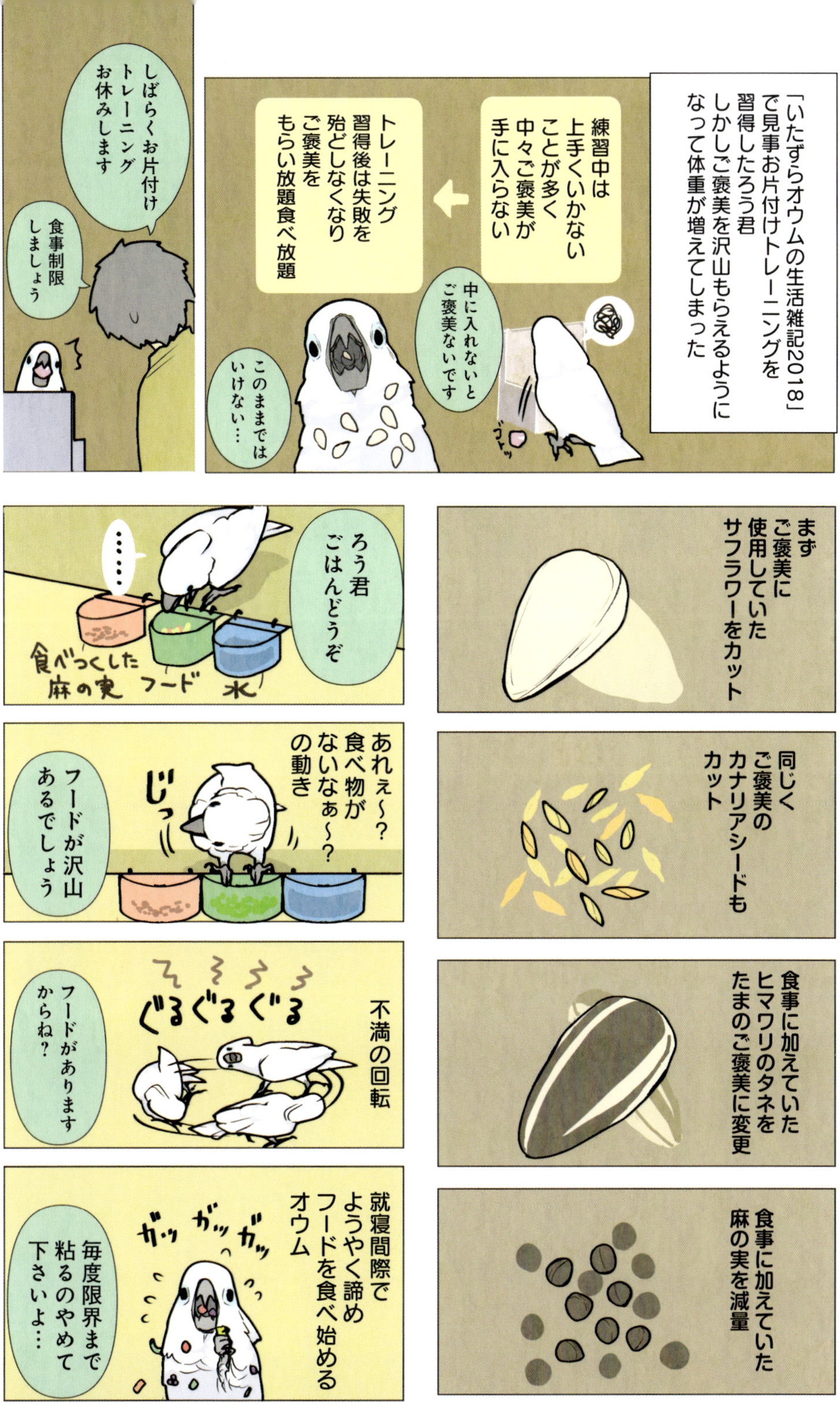

「いたずらオウムの生活雑記2018」で見事お片付けトレーニングを習得したろう君
しかしご褒美を沢山もらえるようになって体重が増えてしまった
練習中は上手くいかないことが多く中々ご褒美が手に入らない
トレーニング習得後は失敗を殆どしなくなりご褒美をもらい放題食べ放題
中に入れないとご褒美ないです
ゴトッ
このままではいけない…
しばらくお片付けトレーニングお休みします
食事制限しましょう
まずご褒美に使用していたサフラワーをカット
同じくご褒美のカナリアシードもカット
食事に加えていたヒマワリのタネをたまのご褒美に変更
食事に加えていた麻の実を減量
ろう君ごはんどうぞ
……
食べつくした麻の実
フード
水
あれぇ~?食べ物がないなぁ~?の動き
じっ
フードが沢山あるでしょう
不満の回転
ぐるぐるぐる
フードがありますからね?
就寝間際でようやく諦めフードを食べ始めるオウム
ガッ ガッ ガッ
毎度限界まで粘るのやめて下さいよ…

シードが食べたい1

オウムが太り気味なのでヒマワリの種を食事からなくした
※この他果物、青菜、鶏のエサを少々
麻の実
水
フード
麻の実も減量中です
あっという間に麻の実を完食
じっ
おかわりないです
ゴリ
ゴリ
麻の実の殻を食べ始めるオウム
バリッ
ガリッ
ストップストップ

シードが食べたい2

バッチリ!
オウムの体重が少し減ったので久しぶりにトレーニング
ご褒美は久しぶりのヒマワリの種
夢中になってたいらげた
……
ヒマワリの種の殻を食べ始めるオウム
バリッ
ゴクンッ
ストップストップ

シード（種）が足りないと感じると積極的に殻まで食べるように…。
砕かれた殻は消化されずフンに混じります。
少しならともかく、多くを食べるのは控えてもらいたい飼い主です。

トラブル編
常日頃から
気をつけて生活していたって
それは容赦なくやってくる――……

突然の停電

無言で驚いていました。

恐怖を煽る親切心

!?

暗闇パニック

日中よく使用しているこのライト
オウムにとっても馴染みの物だと思いきや…
暗闇で使用すると別物に見えるらしい
エスケープ!
できる場所などこの室内にない
オウムは羽ばたきながらその場に落ちていった

壁に激突しないで良かったです。

疑いの眼

落下してすぐ近くのケージに登り始めるオウム
あれっ ろう君 ハグはいいの?
ガチャン ガチャン
抱っこは?
ほら ハグ…
カッ
拒否!
あれ? いつもは恐怖対象が飼い主から離れればすぐハグに来るのに
これライト原因じゃない 怒りっぽい気がする…
あっ 電気ついた!
ろう君これで一安心…
あれっ 何か更に怒ってる!? 明るくなったのに!?
通電により室内は明るくなったがオウムの機嫌は明るくならなかった

復旧してめでたしめでたしでは…?

推論

停電から通電し
オウム部屋の照明が
ついて室内が
明るくなった！
しかしオウムは
ますます不機嫌に
ガッ
ガッ
ガッ
やつあたりしている
事態が改善したのに怒ってる…
どうやら怒りは飼い主に向けられているようだ
さっきのライトでこの怒り方は違う…？
室内の照明が消えたこととついたことに怒ってる…？
いやいやそんな、照明消したのは飼い主じゃないです…し…？
アッ
いつも照明消してるの飼い主だ…!!
パチ
オヤスミー
ぐっない
パチ
パチン
つけてるのも飼い主!!!
さっきの停電は飼い主が照明を消したせいだと日ごろの学習から導き出している…！
いやがらせされたと思って怒ってるのか
あ〜！なるほど！
なるほどね〜〜〜!!
停電が冤罪を生んだ

これは誤解されても仕方ない・・・。

地震発生！

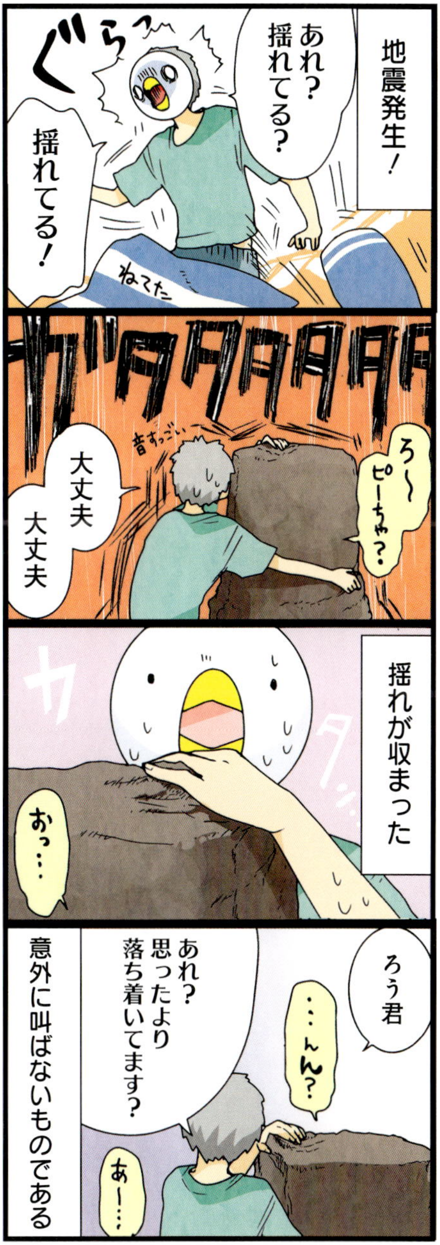

地震発生！
あれ？揺れてる？
ぐらっ
揺れてる！
ねてた
ダダダダダダダダ
ろ〜ピーちゃ？
音すっごい
大丈夫
大丈夫
揺れが収まった
おっ…
ろぅ君
…ん？
あれ？思ったより落ち着いてます？
あ〜…
意外に叫ばないものである

飼い主が話しかけていたので、
飼い主が揺らしていたと思っていたのかも…？

眠くて…

余震に備えて特大ケージを寝かせる
特大ケージが倒れたら一番危ない…
オウムケージも下に降ろしておこう
物を一通り移動させたところで
スャア…
……
飼い主寝落ち
目覚めた
ハガッ
しまった寝てた！
ろう君大丈夫でした⁉
お〜ろ〜…？
ろうく…
静かに一羽ビビリ続けていたらしい
ワナワナ
ワナワナ

前日夜更かしからの朝地震だったので
睡魔が…そのあとに地震が続かなくて
良かったです。

いつもと違う！

横倒しのケージの上に乗ったオウム
横にすると幅とるなぁ…
これはこれで楽しいらしい
ケージの上を走り回れる!!
ダダッ
ガシャアン!!
転んだ
!?
転んだ
ダダダ
ガシャアンッ
落ち着いて

走るのに適した足の形をしてないので、
走ると足が引っかかってもつれます。
今だけの遊び方

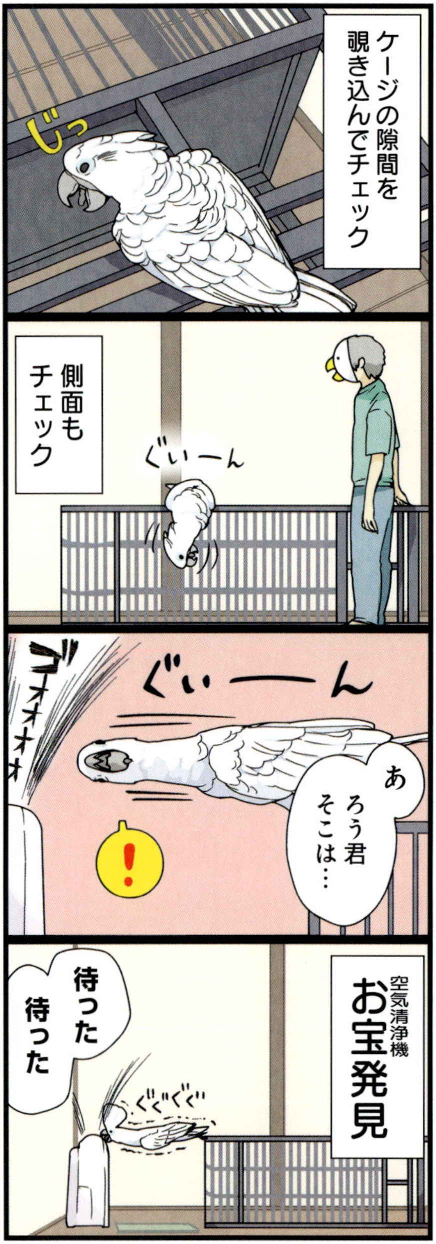
じっ
ケージの隙間を覗き込んでチェック
側面もチェック
ぐいーん
ゴォオオオオ
ぐいーーん
!
あ
ろう君そこは…
空気清浄機
お宝発見
待った待った
ぐぐぐぐ

大型ケージが倒れたら洒落になりません。
余震に備えて数日このまま様子見しました。

各種災害に危機感を募らせていく飼い主
停電
これはまあしゃーない
地震
老朽化したブロック塀が！家が傾いちゃう！
家に入り込む異臭
工場火災
うわぁぁぁぁぁぁこの家隙間だらけだから防ぎきれなああぁあぁあぁ
ふ〜っ
次またどこかで工場火災が起きたらろう君が死ぬかもしれません…
背に腹はかえられません
ごちゃ…
物もあふれてきた頃合いですし
広くて隙間のない家に引っ越しましょう
そんなわけで
引っ越しました。
転居編

引っ越し前にオウム部屋の遊び場や壁ガードを解体しなければならない
んん〜
取り外せるように作ったから解体自体は大丈夫だけど…
問題は部屋じゃなくて
ボッ
アー〜〜
アアッ
これから自らの拠点を破壊されるオウムの心理負担である

おうちの撤収

オウム部屋を大掃除&設置変更
遊び場を解体
壁のベニヤを外す
ガタン
アッ
アーーッ
自分の居場所が解体されていく様子にショックを受けるオウム
アッ
ワナワナ
アッ
ワナ
物を運び出す
ガッ ガッ ガッ ガッ ガッ
オウムから怒りがあふれ出している!

飼い主は次の住処があるとわかっているからまだ良いものの、
オウムにはそんなことわかりませんから…。

床ガードを選ぶ

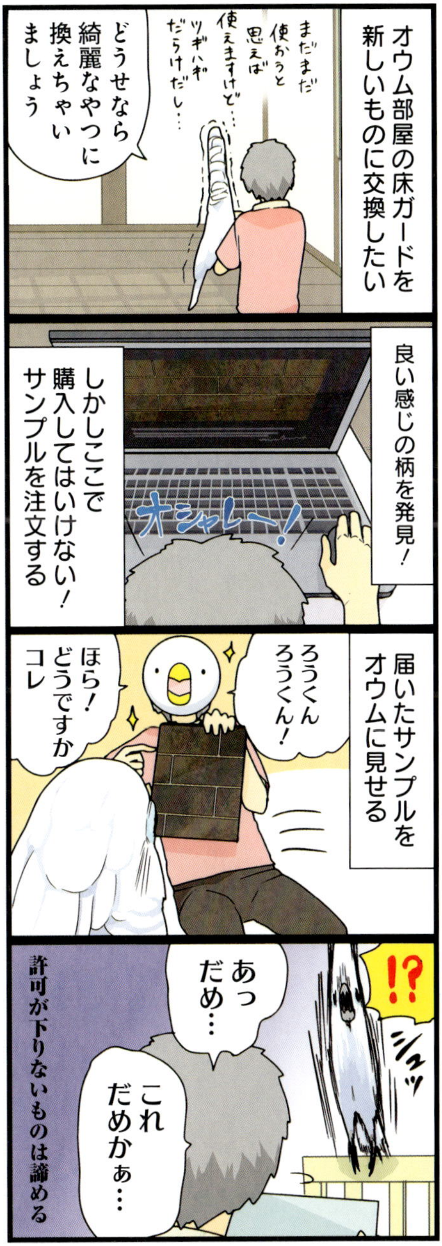
オウム部屋の床ガードを新しいものに交換したい
まだまだ使おうと思えば使えますけど…
ツギハギだらけだし…
どうせなら綺麗なやつに換えちゃいましょう
良い感じの柄を発見！
オシャレ〜！
しかしここで購入してはいけない！サンプルを注文する
届いたサンプルをオウムに見せる
ろうくんろうくん！
ほら！どうですかコレ
!?
シュッ
あっだめ…
これだめかぁ…
許可が下りないものは諦める

飼い主の好みは大体却下されています。

好みの柄は？

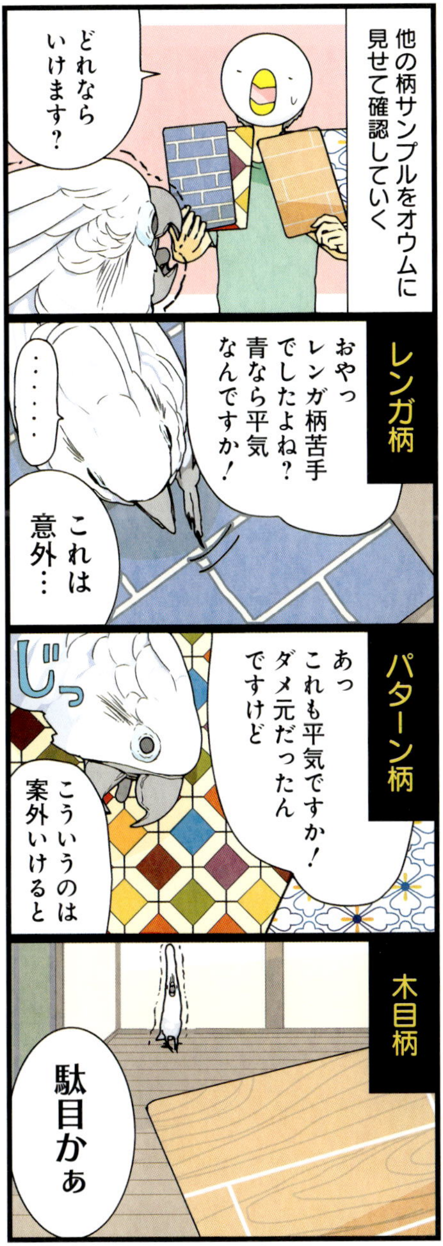
他の柄サンプルをオウムに見せて確認していく
どれならいけます？
レンガ柄
おやっレンガ柄苦手でしたよね？青なら平気なんですか！
………
これは意外…
パターン柄
あっこれも平気ですか！ダメ元だったんですけど
じっ
こういうのは案外いけると
木目柄
駄目かぁ

ベーシックな木目やフローリング柄ほどダメなのはなぜ…。

チェック終了

無地
これは想定どおり平気と…
ストーン系
黒色でも割と大丈夫そう…?
でも一面に敷いたらビビリそう…?
柄つきだと使えそうなのはコレとコレかなぁ…
じゃぁこれ買いましょうか
こうしてオウムの様子をうかがいつつ 新しい床ガードが選定された
ちなみにジョイントマットは無地であれば大体OK
初日から上を歩ける
トスッ
トスッ
気軽に買えて助かってます

ジョイントマットやコルクマットは平気な不思議。

失敗談

Q.前の床に木目模様を使っていたのはなぜ?
実は前の木目模様は飼い主が慢心の末好きに決めた柄でして…
ナチュラル系ならオウムもいけるでしょ
当然ビビるオウム
アウワ
ワワワワ
アチャー
床が怖くて降りられない
毛布やマットを床に敷いて見えないように
チラッ
少しずつ床を露出させて時間をかけて慣らしていた
オウムが慣れるまでの数週間 日常生活を送る場がスリル溢れる空間に
ちょっとの移動でパニック!!

まさかフローリング模様で日常生活が難儀するとは…。

設置

オウム部屋に無地の
床ガードを設置
フー
当日中に上を
歩けるように
※
平気な無地でも
最初のうちは
おっかなびっくり
そろり
そろり
飼い主の部屋には
柄ものを設置
どう?
インスタ
インスタ
インスタ
インスタ
見る分には
問題なし
でも床に降りるのは
まだ無理
サンプルサイズで平気でも
床一面となると怖いそうだ
ぐぐぐぐぐ

このときは台風…雨漏りの前…。
まさかこのあとにオウム部屋が
使用困難になるとは…。
順応

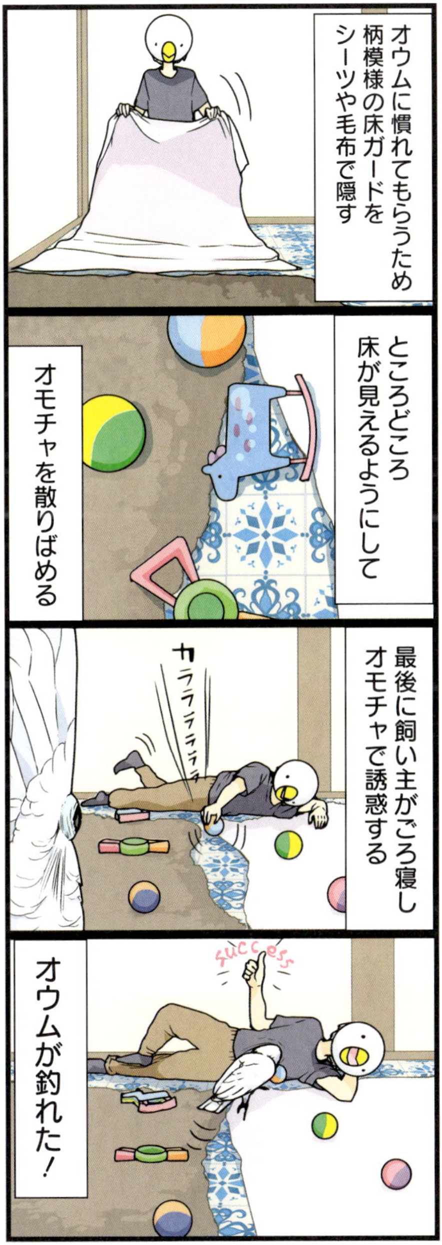
オウムに慣れてもらうため
柄模様の床ガードを
シーツや毛布で隠す
ところどころ
床が見えるようにして
オモチャを散りばめる
最後に飼い主がごろ寝し
オモチャで誘惑する
カララララララ
オウムが釣れた!
success

飼い主のゾーンだから柄物を敷いたのですが、
雨漏り連鎖トラブルでオウムがこの部屋で
生活することになりました。

応急対応

床ガードが足りない！
全然足りてない…
また買い足さなければ…届くまで何日かかる…？
とりあえずオウム用のわら半紙を敷き詰めよう
廊下と階段を紙で覆った！
ろう君どうです？
……！
ワナワナ
前よりはマシと…
………
傍から見ると異様ですね…
ガサァ…
飼い主の異常行動の幾つかはオウムによって引き起こされている

目隠しのあるなしでかなり反応が変わります。

恐怖＆恐怖

廊下と階段のフローリングに恐れおののく我が家のオウム
わな わな
移動しました
通路がダメだと生活めちゃくちゃ厳しいですよ
これは慣れてもらわないと…！
ほら怖くない怖くない…
アア
ア
アッ
アッ
アバ
ムリ。
バサササ
サササ
アオッ
オ…!!
ーー!!
オウムが目にする範囲全て目隠しすることに
ここにも床ガード敷いときましょう…

階段の空間が苦手なのと、暗い木目のフローリングで恐怖が倍々に。

視界を悪くしてチャレンジ！

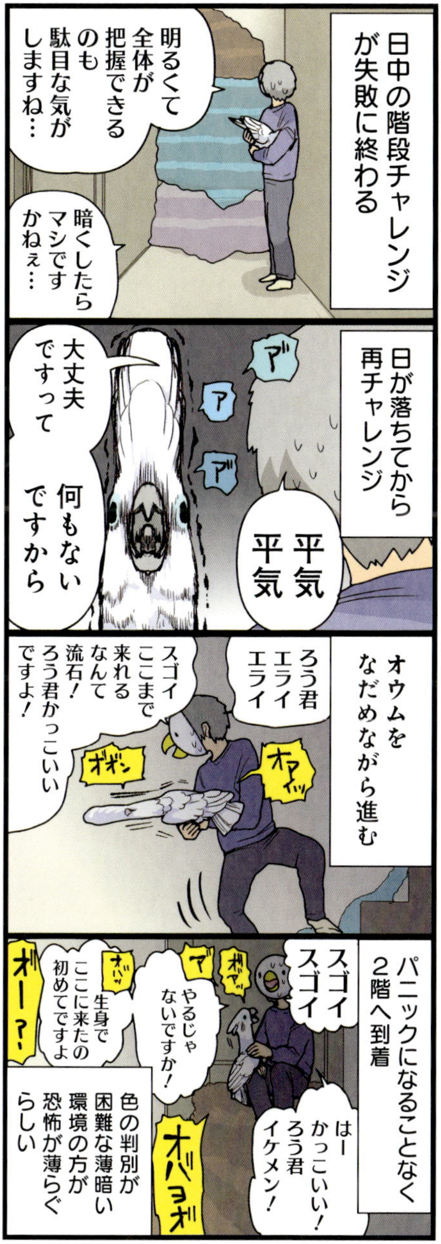
日中の階段チャレンジが失敗に終わる
明るくて全体が把握できるのも駄目な気がしますね…
暗くしたらマシですかねぇ…
日が落ちてから再チャレンジ
ア゛
ア
ア゛
平気平気
大丈夫ですって
何もないですから
オウムをなだめながら進む
ろう君エライエライ
スゴイここまで来れるなんて流石！ろう君かっこいいですよ！
オアイッ
ボオン
パニックになることなく2階へ到着
スゴイスゴイ
オ゛ヤ゛
ア゛
やるじゃないですか！
オ゛バッ
生身でここに来たの初めてですよ
オー？
はーかっこいい！ろう君イケメン！
オ゛バヨオ゛
色の判別が困難な薄暗い環境の方が恐怖が薄らぐらしい

薄暗がりの階段の上がり下がりを
１～２週間繰り返して慣らした結果、
日中でも足元を隠せば移動できるように。

紙の目隠しから毛布へ

階段を避けて半年以上
だいじょうぶですって
未だ階段を恐れるオウム
もう暖かくなってきたし日当たりの良い2階で日光浴させたいし
そろそろ慣れてもらわないと
本格的に階段克服に取り組むことに
※目隠しの紙は撤去しました
階段を布で覆い隠して
オウム用毛布とか使ってないうすかけ布団でいいや
これならそんなに怖くないでしょう…
オウムを連れてレッツチャレンジ！
失敗
だだだだだ
布団を滑り降り翼を広げて走り去った

屋外の階段はあまり恐がらないので、
室内にある階段の全体的な空間が苦手なよう。

アクシデント!

2階の日光浴(予定)ルームへ
ここでまさかのパニック発生!
!!?
えっ ろう君!?
室内で飛んだ!!
ちょちょちょちょ
ろう君ストップストップ
ここ狭いから危ないですよ!!
壁にぶつからないように回避!
…したもののガラス戸に衝突!
ビタンッ
姿が反射して映ってたからわかるだろうと思ってました…
パニックになったときにそんな判断できないですよね…
ガラス戸に貼る衝突防止シールの重要性をひしひしと感じました
オー
オァァ〜…
怪我がなくて良かった…

階段という山場を越えて油断し、握手を解いて部屋に入ったらこの有り様です。窓だけでなくカーテンも閉めておけば…。

アクシデントから2ヶ月

2階へ続く階段
上り
階段を布で隠した状態ならば 少しの緊張で通過できるように
えらいえらい
2階からの景色も気に入った様子
オッッ
オアッ
オアヨ
でも下り階段はまだ怖い
完全に平気になるまではもう暫く時間がかかりそうです
降りますよ〜

アクシデントが嘘のように、2階の部屋もお気に入り空間になりました。
でも目隠しなしの階段に慣れるのはだいぶ先になりそうです。

双方ビックリ

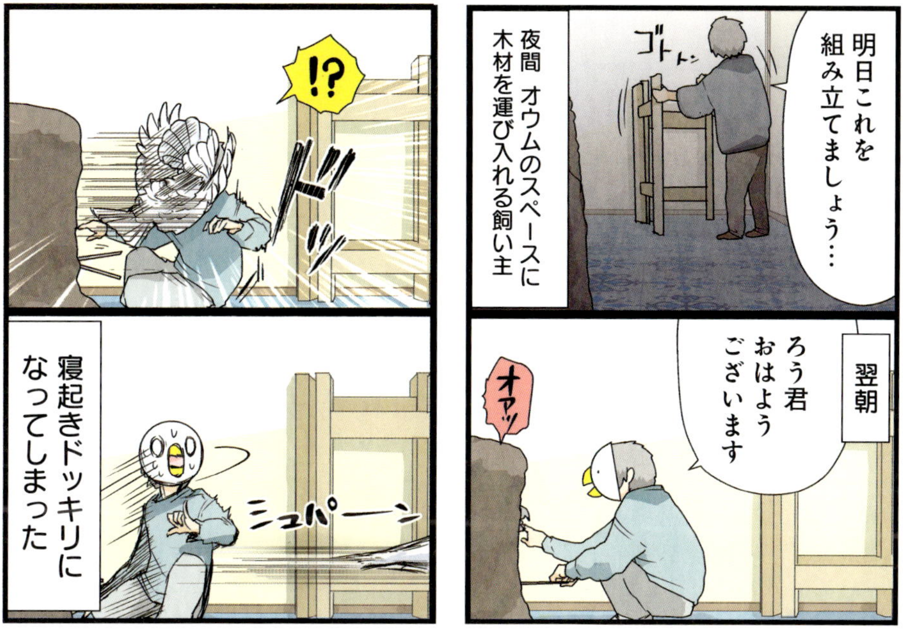

明日これを組み立てましょう…
ゴトトン
夜間 オウムのスペースに木材を運び入れる飼い主
翌朝
ろう君 おはようございます
オアッ
!?
ドドッ
寝起きドッキリになってしまった
シュパーーン

飼い主はこんなところに使っています

After
Before

でっかいロフトベッドの木枠

サイズが大きいので布で隠すのが大変でした。布にホコリがつく度洗う作業がなくなって扱いが楽になりました。

表面が加工されていない木の板

ザラザラの木肌がむき出しだと怪我をしやすいのでリメイクシートで簡単加工。

Before
Aftere

一日置いたフンもふやかして拭き取れました。木肌だと染み込んじゃう。

賃貸のドアにも!

日に当たらない場所ならビニールと養生テープで賃貸をカバーして貼ることもできます

リメイクシート
ビニール
養生テープ
ドア

オウムには苦手な柄が沢山!

OK 鳥それぞれ苦手な模様が異なるよ! NO!

百円均一のリメイクシートが便利だよ!

そんなときは目隠ししちゃおう!

★表面に軽い撥水加工がしてあるけど、紙製だから水濡れに弱いよ!
★水拭き程度なら大丈夫!
★沢山水に濡れたら紙がふやける前に拭いてね!
★表面がツルツルしているからホコリもさっと拭き取れるよ!
★傷んだら新しいものに貼り替えればOK! 便利!

オウムを飼育するのに
都合の良い立地
丈夫そうで広い家に
引っ越してきたものの…
フローリング
こわい！
木のドア
こわい！
ろうか
こわい
かいだん
こわい！
木枠
こわい
床に
降りれない
トイレに行った
飼い主の姿が
見えない！
どこも
かしこも
こわい
家のあらゆる所に
ビビってしまう
オウム
オウムが怖がる
所をひたすら
隠して
オウムが少し
落ち着いてきた
頃合いで気付いた
ギョリ
ギョリ
換気を十分にして
過ごしたのに
いつまでも異臭が
取れない部屋がふたつ
クローゼットがひとつ
うわまだ臭《くさ》い…
この部屋まるで
昔の公衆トイレ
みたい
前の人この部屋
猫のトイレにでも
してたんじゃ…？
クローゼットは
掃除や殺菌を
してもカビ臭さが
取れず封印
アンモニア臭が
取れない部屋は
あかずの間となる
思ったよりずっと
トラブルハウス
じゃありませんか…
物の置き場
考え直さないと…
ろう君の
部屋が
無事で
よかった

※異臭の原因は雨漏りで家の木材が湿ったせいであるとのちに判明
※もう片方の部屋は溶剤の残り香みたいな臭いがする…

グアーーッ!!
こののち
トラブルによって
オウム部屋も一時
封印されることになる

2018年21号

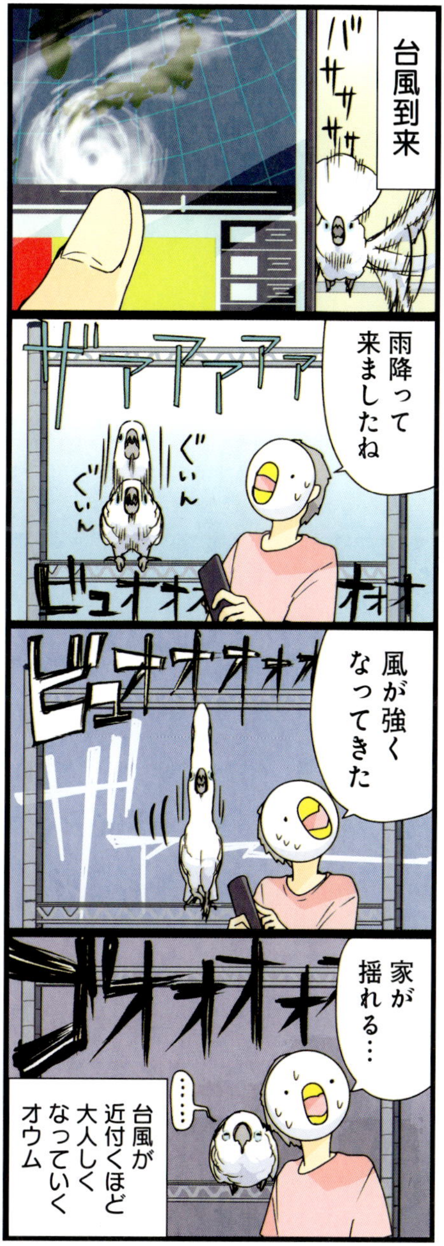
台風到来
バサササササ
雨降って来ましたね
ザァアアアア
ぐいん
ぐいん
ビュオオオ
オオオ
風が強くなってきた
ビュオオオオォォ
家が揺れる…
ゴオオオオ
台風が近付くほど大人しくなっていくオウム
……

悪夢の幕開けです。

強風

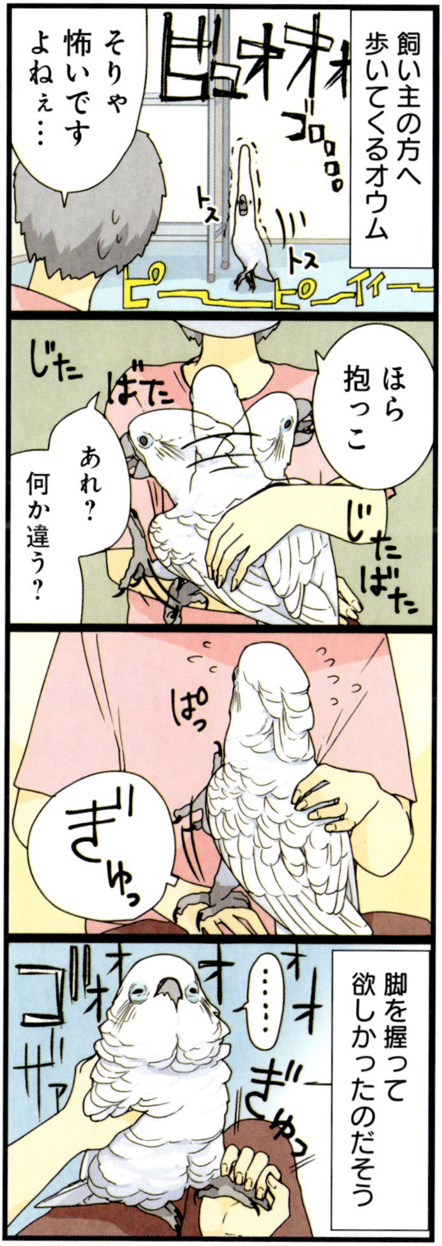
飼い主の方へ歩いてくるオウム
ビュオオオ
ゴロロロロ
トス
トス
そりゃ怖いですよねぇ…
ピーヒィーイィー
ほら抱っこ
じた
ばた
じたばた
あれ？何か違う？
ぱっ
ぎゅっ
脚を握って欲しかったのだそう
ゴォオオ
ザァ
……
ぎゅっ

ちょっと不安なときはハグや握手を求めてきます。

台風の洗礼

タンッ タタン タアンッ
何の音…？
ん？
雨漏り
オウアー!!？
タタンッ
タンッ
ポタタンッ
ちょ
ちょっと ろう君どいて下さい
あい
はいどうも すみませんね
えらい えらい
水があー!!!
オウムのねどこがぁ あああああ
ビチョー

丈夫そうな家を借りたので
まさか雨漏りするとは思いませんでした。
地獄の始まりです。

台風の追撃

何とか 雨漏り対応
よし これでだいぶ マシに…
タンッ タンッ ポチョン
チャポン
プツン
停電
!
ランタンON
カチッ
ポウッ
違うん ですって！
※飼い主が暗くしたと思ってる

照明を操る能力があると思われている
飼い主です。

恐ろしい音

ザァアアアアー
またも台風
カチャ
カチャ
ビュオーーー
今回はそんなに強くないかな…
オウムも気にせず遊んでますし…
カチャ
カチャ
ゴロロロロロ
あっカミナリ
スッ
ゴロロロロロロ
カミナリはダメでしたか

当時（2018年）の天候の荒れ具合はなかなかのものでした。
夏の気温も上限突破していましたし…。

続く雨漏り

またも雨漏りフェスティバル
ペットシーツ
アァーーァ
アッ
アァ
バッ
ア゛
ひあああぁぁ〜
雨がやむまでひたすら水を吸ったペットシーツを交換
オ゛ァア゛
オ
バッ
忙しいです

台風の被害が広範囲に及んだため、しっかり雨漏りの修繕がされるまで半年以上の日が経ちました。大変だったなぁ…。

台風21号により
雨漏りが拡大
幸い家が壊れるような
状態には陥らなかったが
この雨漏りが尾を引いた
ムワッ
押入れがいきなりカビ臭くなった
中の物はもうダメだ!!
布団も捨てろォ!!
表面にカビが見当たらないのにカビ汚染が進んでいく
オウム部屋に組み立てた遊び場やガードをカビ汚染が移らないよう分解&運び出し安全な部屋が判明するまで設置できない状態に
ゴオオオオ
隣
かわらが飛んだ——ッ!
お隣さん家に
シユウウ———ッ!!
アァァ~~~~~~ッ!!
申し訳ない———!!
台風通過後の気温高さ&停電によって、家の中が程よく蒸され 使用中の押入れ一箇所と準備中のオウム部屋がカビ汚染される
壁の中がやられてる
雨漏りってこんなにヤバかったの!?
賃貸なので雨漏りの修繕を大家さんにお願いできるものの…
大家さんから修理のご依頼を頂いたのですが瓦業者さんの予約が一杯でだいぶ先になりそうです
管
とりあえずこちらでできる範囲の応急処置しておきますね
場所によっては停電や断水が続いている災害時そう簡単には事が運ばない
雨漏りしているであろう場所にビニールを被せましたでもこれはあくまで応急処置
雨水の流れや雨風の向きで別の所から雨漏りするかもしれません
雨漏りしたらビニールを張り直すのでまた連絡して下さい
このあと申し訳なくなるくらい呼ぶことになる
管理

応急処置後の流れ

応急処置のおかげで雨漏りしていた場所の雨漏りがなくなる

←

別の所から雨漏り発生

←

応急処置 ← 雨漏り止まる ← 別の場所から雨漏り ← 応急処置の繰り返し

←

雨が降るたびどこからか雨漏りする様子を「雨漏りフェスティバル」略して「雨フェス」と呼ぶようになる
深夜に盛り上がりをみせる雨フェスは飼い主の睡眠時間を削り取った

ウソオー!?
やったー!
スゴーイ!!

雨漏りヶ所一覧

- リビング
- キッチン
- 洗面所
- 和室1
- 和室2
- 和室3
- 洋室1
- 階段

今日はどこから!?

ヤバすぎい!?

コンセントから水が出てきた!?

結局
結構な雨漏りがあったにもかかわらず臭いが少なかったリビングがオウムと飼い主の生活拠点になった
沢山スペースが使えるように広い家を借りたのに
まさかこんなことになるとは…
ガタタ
ビクッ
木材を動かすたび
びっくりするオウム
この家の広さが仇となり専門の業者さんが家を修繕するまでの数カ月間飼い主は家中でランダムに発生する雨漏りやカビ対策に走り回ることになる
ひぇ〜〜!!
オウムと飼い主の苦難はまだまだ続く
なんと同時期に台風 雨漏り カビ異臭に紛れて別の勢力が生活を脅かしていたのだ…!
飼い主が
家の対応に追われ、
あまり構ってもらえず
毛引きが進むオウム
ガジ
ガジ
なっ!? 足元に!?
天井に!?
ブルルン
ふ 布団にまで!?
ウワァーーッ

虫が無限に湧き出てくる
いったいどこから!?
こここ
こんなに沢山
どこからッ
エアコンホースにネットをつけなかったために起きた悲劇である
いったいどこから!?
エアコンホースにネットをつけなかったために起きた悲劇である

たまに蛇も入り込むことがあるから、必ずエアコンの排水ホースの口に侵入防止のネットをつけよう！ ろう飼い主との約束だ！
※ちゃんと水を排水できるようにつけてね！

ヤスデが出たぞ!

エアコンの排水口にネットをつけ忘れてしまった!
室内がヤスデパラダイスに!
まさかこんなに入ってくるとは…
うぞ うぞ うぞ うぞぞぞ
何十匹いるんだ
ヤスデを捕獲
ヤスデの毒は毒っていうほどの毒でもないんですけど一応…
発する臭いが宜しくない
見たがる野次馬
!
はい どうぞ
ブンブンブン

気持ちがモゾモゾするのでしょうか。

よく見てみよう

ろう君 ほら ヤスデの脚の波うち すごいですよ
動きがすごく滑らか
じっ
ブンブンブン
こっちの大きいのは色がはっきり出てますよ
黒と赤みの強いオレンジ
じっ
鳥にも「ぞわりとする」感覚があるのかもしれない
ブンブンブン

でも見ちゃう。

お出まし

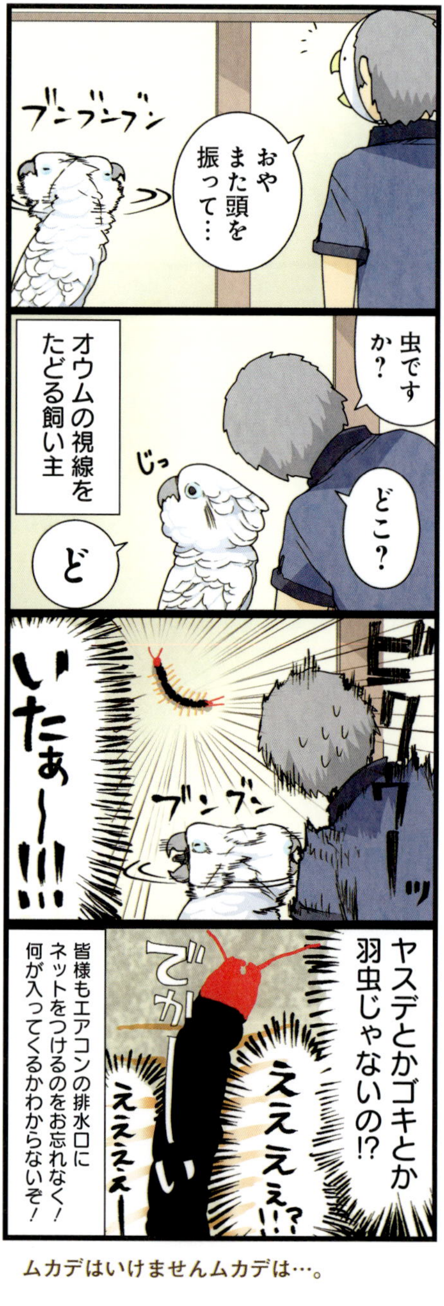
おや
また頭を
振って…
ブンブンブン
虫ですか？
どこ？
オウムの視線をたどる飼い主
じっ
ど
ビクゥーッ
いたぁ〜!!!
ブンブン
ヤスデとかゴキとか羽虫じゃないの!?
ええええ!!?
でかーい
ええええー
皆様もエアコンの排水口にネットをつけるのをお忘れなく！何が入ってくるかわからないぞ！

ムカデはいけませんムカデは…。

一喜一憂

ティッシュでアリの通り道を塞ぎ侵入を阻むことに成功
よぉっし！今日は入って来てない！
ろーぅ…
ろう君おはよう
これでやっと安心して
バサッ
しゅるん
うわぁッ!!?ムカデ!!?
シュッ
あぁ！逃げた!!速いっ!!
マジで2匹目いるんですか
ろう君大丈夫っ噛まれて…っなさそうですね…
!?
!?
うん…元気な動きですね
あー…驚愕した…
オウムは驚く飼い主の声に驚いたのだそうな

ムカデとろうが対峙したら、
ろうが足を出して噛まれそうな気がします。
おっかない…。

次から次へと

ヤスデをあらかた取り尽くした
やっとあんまり見ないようになりましたね…
ムカデもあれ以外は探してもいなかったしようやく落ち着ける…
ギョリ
ギョリ
アリがオウムの食べこぼしに到達していた

この４コマの時はアリが外から進入してきたのだと思ってました。でも、そうではなかった…

イエヒメアリ

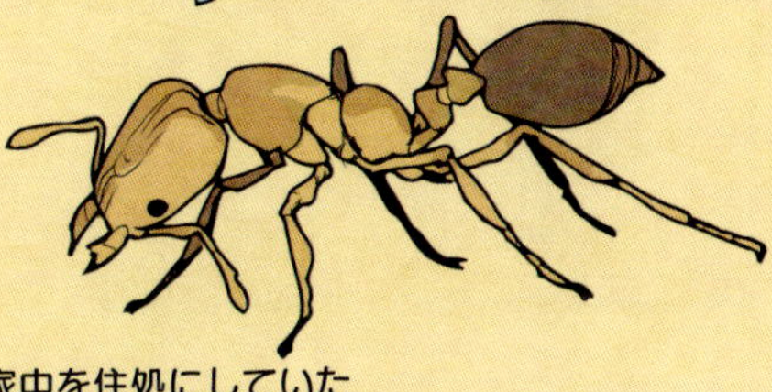

家中を住処にしていた
アリが表に出てきたようです。
家の中を探せば
アリの列が見つかる状態に。

床と壁のキワに…！

シロアリではないとはいえ放置もできません。
可哀そうですが居なくなってもらいましょう…。
ネットで見た駆除方法
アリの巣コ●リを水で溶いてアリに与える
を実践。※ゼリーが入ってるタイプはダメでした。

与えても与えても
湧き出てくるけど
効いてるのかなぁ…

冬を経て翌年

イエヒメアリは姿を消した

めちゃくちゃ効果が出てました。

アリが耳に入る心配を
せず眠れる環境は
良いものです。
おかげで寝る前の虫
チェックが減りました。

アリの巣コ●リは
空気を汚さず使えるので
扱いやすかったです。

コロリ
アリの巣
ちょっとだけ美味しそうに見えるから誤飲に気をつけてね！

天井の端から小さなアリが湧き出てくるッ
てッ
？
シンクに列が…！

お控え下さい

オウムの食べこぼしを食べに来たであろうゴキブリ
ミニボールみたいなのでも十分に
確かにここは食べ物よりどりみどり…ゴキブリにとってはさながらバイキング
コイツは一体どの食べ物が目当てなんだ…？
ススス
ピタッ
おや？
あっ！よりにもよってコイツウンコを!?
鳥のフンを選んだだとぉ——ッ!?
やめろぉ
フードあるだろ!!リンゴあるだろ!!ウンコを食べるなーッ

フードを食べろぉ！

漆黒の主

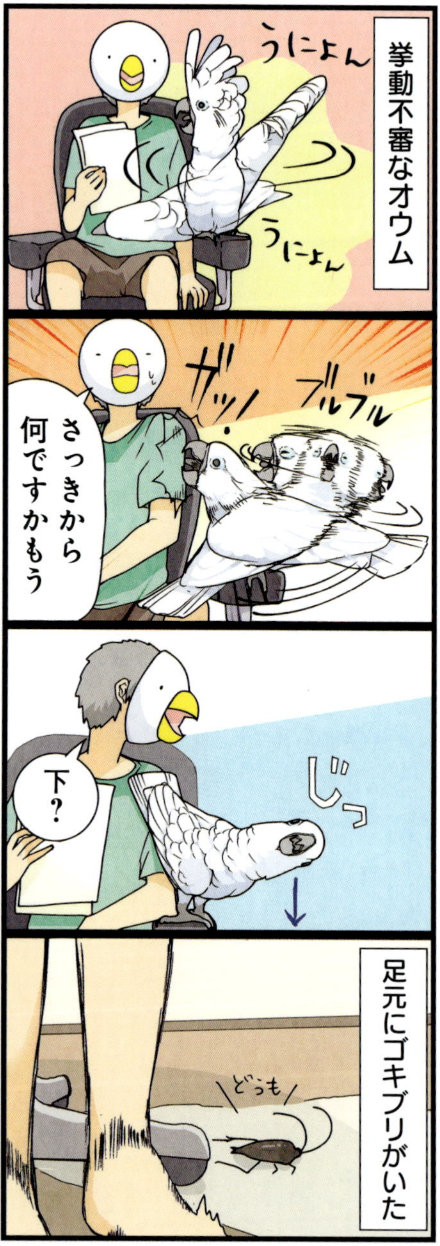
挙動不審なオウム
うにょん
うにょん
ガッ！
ブルブル
さっきから何ですかもう
下？
じっ
足元にゴキブリがいた
どっも

近かったです。

あんな小さな蛾に…

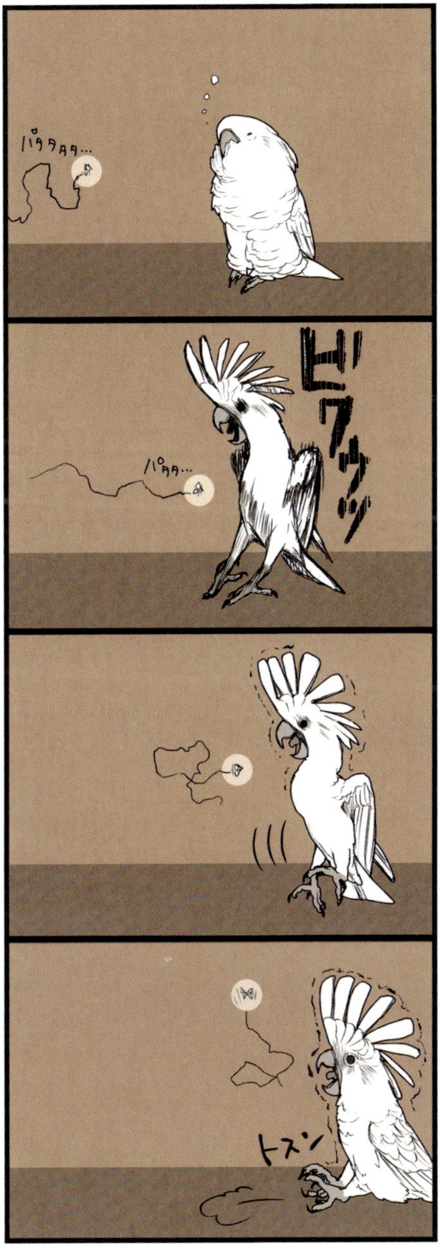

このあと、顔をブルルンと振っていました。
驚くほど情けなかったです。

気になるぅ～

敏感なオウムアンテナ!

タバコシバンムシ

ゴマみたいな虫に気づいたオウム
！
もぞぞ
あっ それ拾います!?
ゲット!?
ああっ まさか食べる気じゃ!?
即捨てた
おぉっとこれはお口に合わない

おっかない名前の虫ですが、
無毒なので様子見してます。

転居前の家にも虫がたくさん！

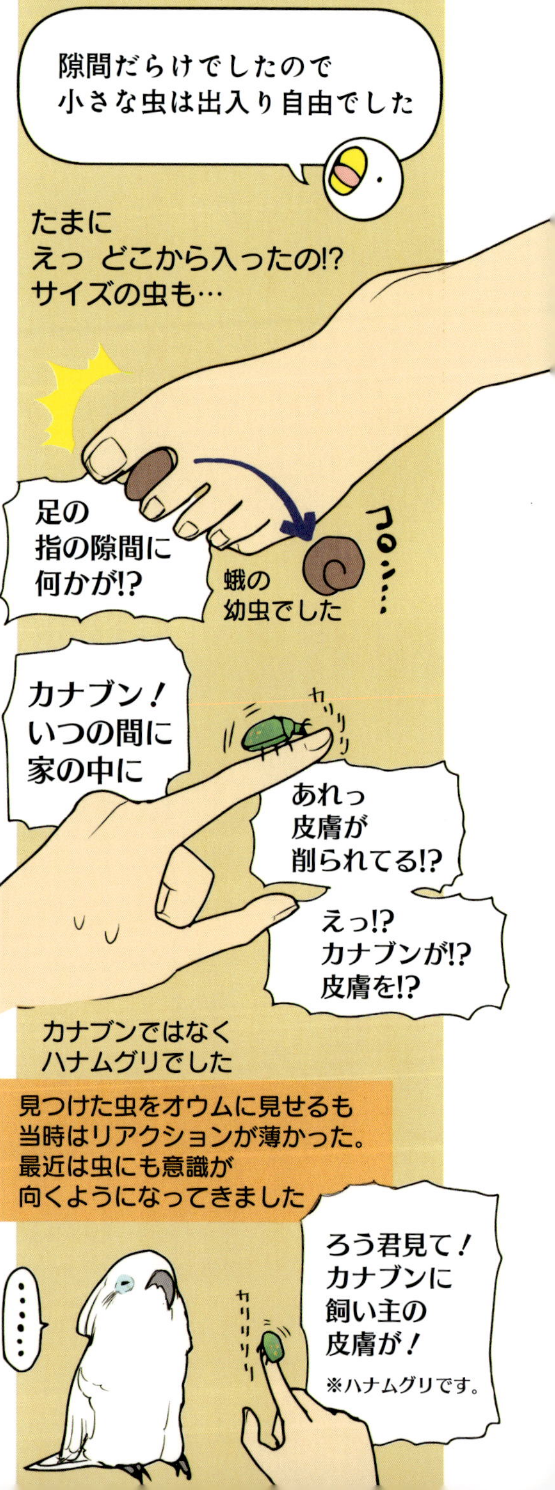

隙間だらけでしたので
小さな虫は出入り自由でした
たまに
えっ どこから入ったの!?
サイズの虫も…
足の
指の隙間に
何かが!?
コロン…
蛾の
幼虫でした
カナブン！
いつの間に
家の中に
カリリリ
あれっ
皮膚が
削られてる!?
えっ!?
カナブンが!?
皮膚を!?
カナブンではなく
ハナムグリでした
見つけた虫をオウムに見せるも
当時はリアクションが薄かった。
最近は虫にも意識が
向くようになってきました
……
カリリリリ
ろう君見て！
カナブンに
飼い主の
皮膚が！
※ハナムグリです。

タバコシバンムシ２

捨てた虫を目で追いかけるオウム
じぃー
初めて興味を持った虫がこれかぁ…
再度クチバシで捕獲を…
やめた
今度は足指での捕獲を試み始めた
それじゃ流石に無理ですって
果たしてゲットなるか!?

トンボやちょうちょに無反応だったオウムの脚が出ました。

タバコシバンムシ３

ゴマみたいな虫を足指で捕まえようと奮闘するも…
ぐっ
ポロッ
あえなく惨敗
しかし最後のつかみ損ないで虫が裏返しになった
あわわわゎゎ
わわゎ
あっ！ ろう君見て下さいほら！
めっちゃ足動いてますよ
ほら見て
……
観察チャンス
虫が今動いて
ろう君ここほら
えっ うそもうこれ興味ない!?
あっという間に飽きたそうな
虫っ…！

気まぐれでした。

田舎と虫はワンセット!?

周囲に緑が多い環境に引っ越したので、油断するとすぐに家が虫パラダイスになります。
でも家にはオウムがいて、
周辺には野鳥がいて、
ちょっと珍しい虫も身近にいて、
立派なヤモリが家に住み着いているので薬剤で一斉駆除ができません。
厄介な虫だけをピンポイントで狙う日々です。

〜虫編訂正のお知らせ〜

すみません、イエヒメアリについて追加の記載があります。
また出ました。倒せていませんでした。
てっきりいなくなったものとばかり…。
すっかり勝利の余韻に浸っておりました。
彼らは強く、たくましかった。
ただ、昨年に比べるとかなり数が少ないので、効果はあったようです。

田舎に住むなら虫取り網があると便利！
ムカデを捕獲するのに役立ちました。
エアコンの排水ホースに必ずネットをつけてね！
ガガガガガ
まって それに穴はまずい！

飛ぶ脅威

お外で水浴び＆日光浴
わっ ハチが来た！
水で追い払う
雨が苦手らしいので雨っぽく上からシャワーを降らせています
よし いなくなった…
うわっ
もう1匹いたの!?
ブーン
これで何とか…
ビショ〜
夏から秋にかけてスズメバチやアシナガバチが活発になります皆様も外出の際はご注意を…

刺されたくありません。

不服アピール

普段はすぐ諦めるのですが、
このときはよほど納得がいかなかったよう。

オヤツが欲しい

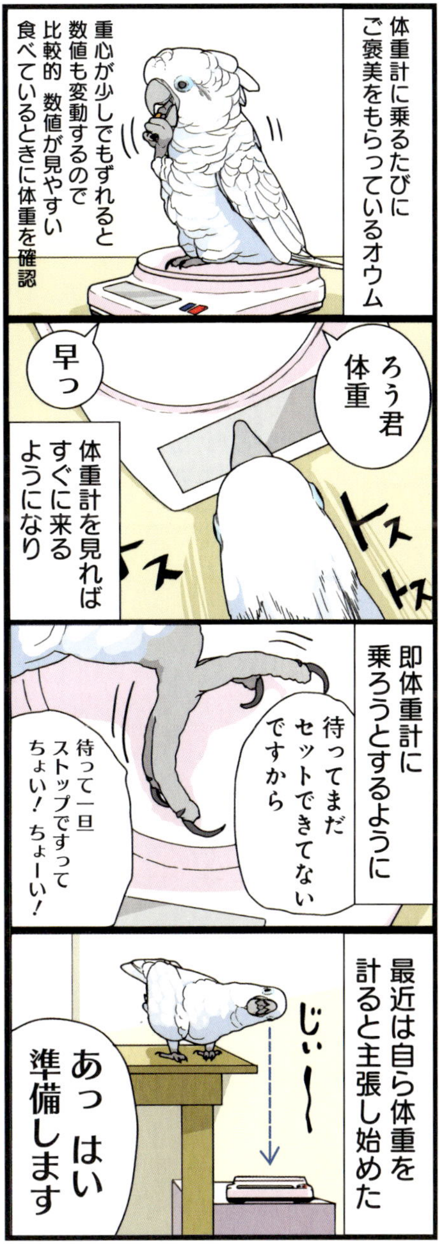

文句があるときはやたらと鳴きますが、
自分の要望を伝えるときは視線誘導が多いです。
視線誘導できないと騒ぎ始めます。

実写はこんな感じ

・・・・・・
・・・・・・

無言でただひたすらご褒美を待っていました。

諦めきれない

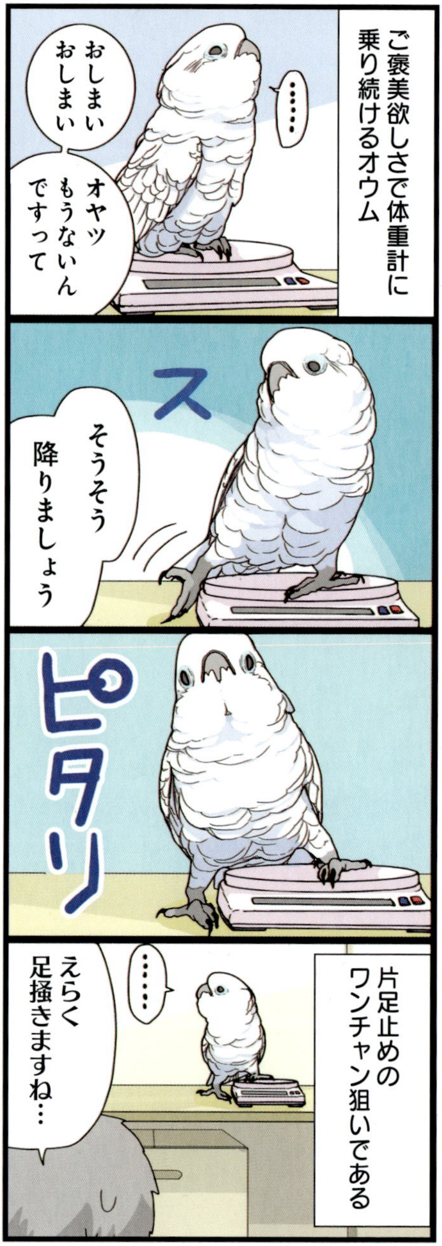
ご褒美欲しさで体重計に乗り続けるオウム
……
おしまい おしまい
オヤツ もうないんですって
ス
そうそう 降りましょう
ピタリ
片足止めのワンチャン狙いである
……
えらく足掻きますね…

体重が戻ったら量増やしますから・・・。

……
680g
ちょっとだけ
ご褒美ありの
トレーニング
再開しましょうか
ダイエットも
もうちょっと
継続で…
ろう君！
次はバンザイを
覚えましょう！

バンザイ練習

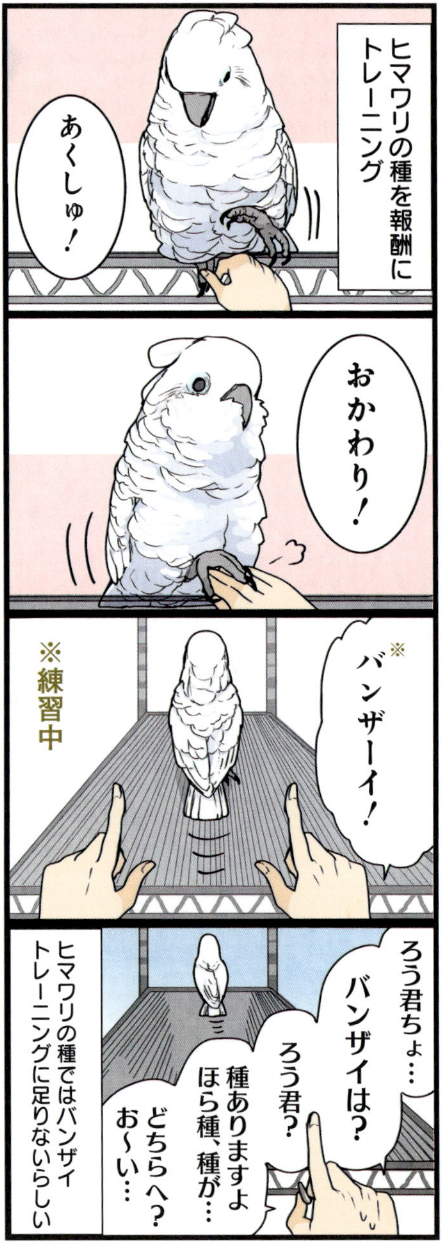
ヒマワリの種を報酬にトレーニング
あくしゅ！
おかわり！
※バンザーイ！
※練習中
ヒマワリの種ではバンザイトレーニングに足りないらしい
ろう君ちょ…バンザイは？
ろう君？
種ありますよほら種、種が…
どちらへ？お〜い…

握手感覚で覚えられると予想して、
バンザイ練習を開始しました。

半年後のバンザイ練習

半年前から始めて
オヤツの度に行なっていた
①オヤツを見せてからハンドサインを見せる
バンザイ練習
②バンザイと言いながら脇に指を差し込む
ぐ
バンザーイ！
少し前までは脇の奥まで指を突っ込まないとバンザイの形にならなかったが
握手かおかわりかもしれないと思っているので同時に足も出してる
最近は手が近付くだけでバンザイの形になるように
バンザーイ！
バッ
オウムがバンザイをマスターする日も近いかもしれない

思った以上に時間がかかりました。
握手は約１週間、おかわりは約１カ月・・・。

逆さま練習

久しぶりに仰向けトレーニング
結構間が空いちゃったけどいけます？
ぐるんしますよー
せーの
ぐるんっ
抵抗こそすれ呼吸が荒くなることもなくパニックにもならず
だいぶ落ち着いてますね
ヤメロオ！
えらいえらい
ぐいん
ぐいん
えら…ぐぅぉぉ爪が…!!
爪がっツボにっ…
足に思いの丈 全てが込められていた

爪が尖っていると突き刺さります。

降りて降りて

ぐいーん
ぎゅっ
上に移って下さい
ぐいーん
ぎゅっ
意思疎通叶わず

運動ではないんですよ。

爪切りをやりすごせ!

ごまかされませんよ。

それは地雷

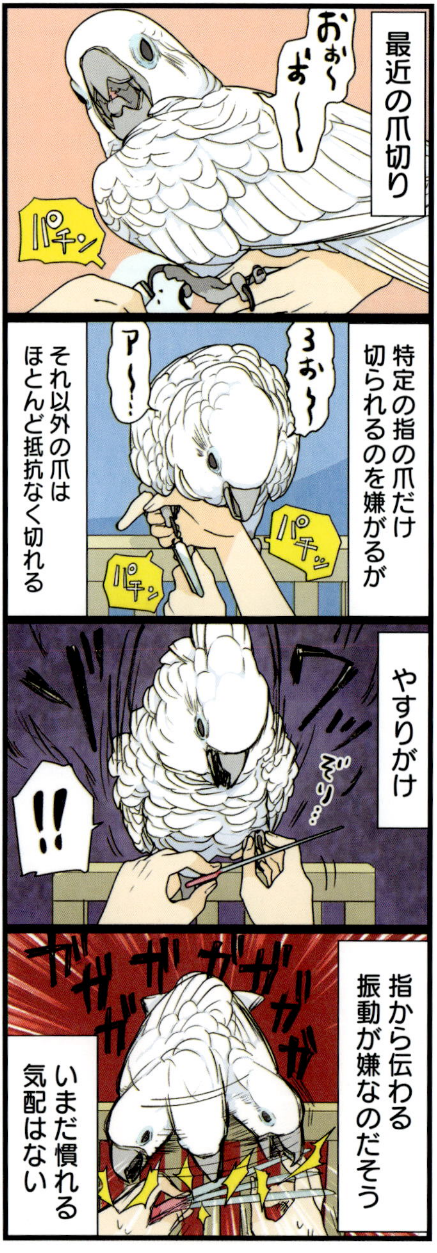

爪切りさせてはくれるのですが、
もれなく抵抗されています。

コンニチワをマスターしよう！

ろうが喋れる人の言葉は少ない
喋ったとしても大体が「おはよう」関連
オハヨウだけはすごく自信がある
オバヨーヴ
極々稀に
ろーう
ピーチャン
更に極々々稀に
ん〜…
ボソッ
コンニチワッ
他はほとんどオウム語である
そういえば言葉に関するトレーニングはほとんどやってこなかったなぁ
飼い主が意識的に口に出していたものもあるにはあるけど…
むしろオウムに引っ張られて飼い主がオウム語もどきを話すほうが多いような
おっおっ
おっ
おあっ
んん？
あ゛あ゛…
おーーうゔ
そもそもライバル学習のほうが向いてるろうに一対一の環境で飼い主が話しかけても効果薄いんですよねぇ…
ろうは人の声よりオウムの声の方がヒアリングしやすいみたいですし
ライバル学習とは
ライバルよりも注目を集めるためにライバルの持ち技を真似て修得していく方法
オハヨオ
ピーチャン
お
オ゛ア
オー？
最大の難点お喋り上手なライバルが必要
スマホの動画ではそこにライバルがいるとまでは思わないみたいですし
ハッ
アイパッド…！
アイパッドの最大画面ならどうだ…!?
あっ何かコレいけそう…！
カーワエーー
コンニチワッ

おしゃべり学習スタート！

視聴開始

コンチワッ
こんにちわ
コンニチワ？
コンニチワ
ガガガガガ
腹の肉チミるのやめて下さい
カワイーネー！
カーアイー！
かわいいですねぇ
……
はいかわいい
諦めて学習態勢に入った
お利口さんです

席に着くまで少々かかりました。

画面の中にライバルが！

お喋り上手なオウムの動画を選んで
最大画面&ボリュームを大きくして再生する
！
コンニチワ
飼い主は画面のオウムに注目
映像に合わせて応答する
コニチワッ
コンニチワ
！
上手ですねぇ
チラッ
サッ
カチッカチッ
ろうが画面を塞いでパフォーマンスを始めた！
アーハハハ

張り合い始めました。
映像を意識しています。

慣れと飽き

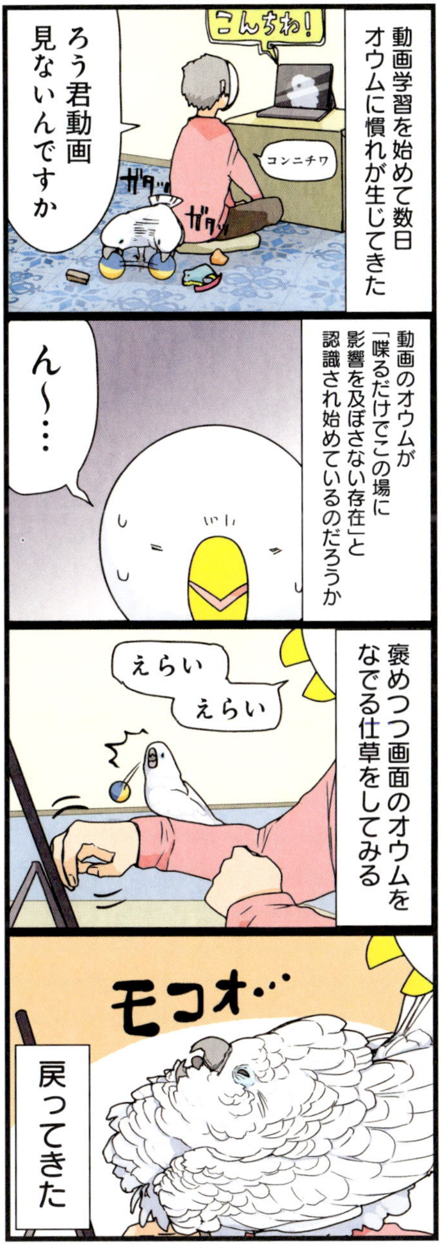

動画学習を始めて数日
オウムに慣れが生じてきた
こんちわ！
ろう君動画
見ないんですか
コンニチワ
ガタッ
ガタッ
動画のオウムが
「喋るだけでこの場に
影響を及ぼさない存在」と
認識され始めているのだろうか
ん〜…
褒めつつ画面の
なでる仕草をしてみる
えらい
えらい
モコオ…
戻ってきた

画面にライバルがいたことを
思い出したようです。

物理アタック

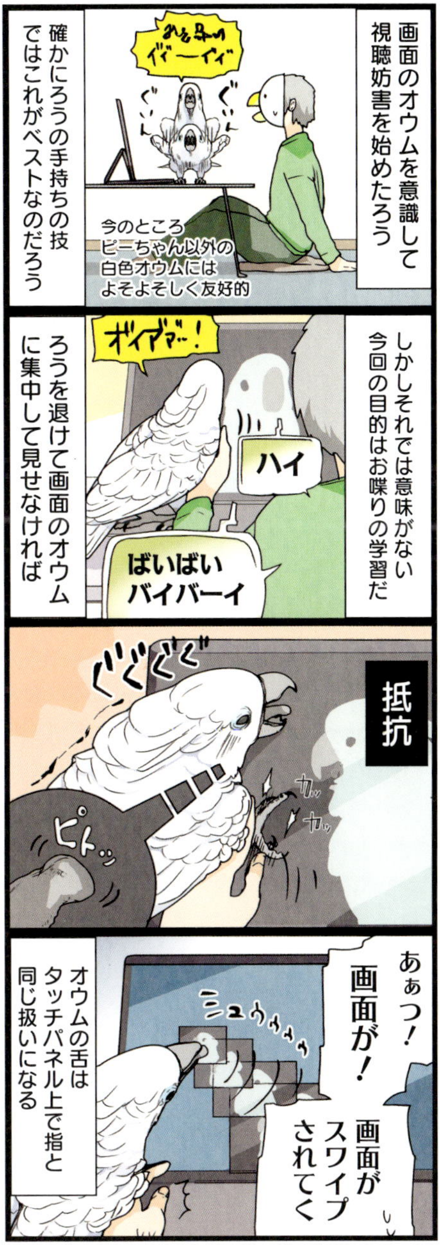

画面のオウムを意識して
視聴妨害を始めたろう
確かにろうの手持ちの技
ではこれがベストなのだろう
イ゛ーーイ゛
ぐいーん
ぐいーん
今のところ
ピーちゃん以外の
白色オウムには
よそよそしく友好的
しかしそれでは意味がない
今回の目的はお喋りの学習だ
ろうを退けて画面のオウム
に集中して見せなければ
オイアマ゛ー！
ハイ
ばいばい
バイバーイ
抵抗
ぐぐぐぐ
ピトッ
カッ
カッ
あぁっ！
画面が！
オウムの舌は
タッチパネル上で指と
同じ扱いになる
ニュウゥゥゥ
画面が
スワイプ
されてく

ライバルをスワイプして消そうと…！
している訳ではないと思うのですが、最近は
舌で画面を動かそうとするようになりました。

飼い主も動画鑑賞にあきちゃった

コンニチワッ
コンニチワッ
こんにちは――
……
ろう君コンニチワッは？
飼い主が動画の鳥を可愛がらなくなったのでオウムも動画を見なくなった
でも「コンニチワ」は覚えて欲しい
オハヨオハヨ
オァーチャ
オハヨォヨォ〜ォ
コンニチワ
コンニチワ
コンニチワ
オウムへの返事が全てコンニチワになる
会話の端々でコンニチワを多用し始める
ろう君それ持ってこないでコンニチワ
コンニチワして
コンニチワはぁ〜？
ふた言目にはコンニチワ
コンニチワコンニチワ
コーンニチハア〜
コココココココンコン
コ〜ン二〜チワァ〜♪
コ〜ンニッチワァ♪
歌い始めた

見ないで

画面のオウムをなでる仕草をしたら割り込んできたリアルオウム
まだ画面内のオウムをライバル視しているようだ
空いてるほうの手で画面のオウムをなでる
すごいえらい
見事なもんです
ぎゅ
モフォ…

ボディランゲージで
何とかしようとしてます。

画面学習以外でも

ろう君 コンニチワッ コンニチワは？
ゔん…
うんじゃなくてほら コンニチワ…
※こんにち… こんにちワァ〜♪
※口語
「こんにちは」に適当な音程とリズムをつけ始める飼い主
こんこんこここんこんにちワァ〜
こんこんにチハア〜〜
こ〜んにこんに
ちぃ〜わ〜
うん
んん
ん〜
んん
酷いものだがオウムにはわりと好評
オウムの相槌にも音程がつき始めた
こんっちゃ〜
こんこんこ
ん〜
こんここ
んんへ♪
にちわ
〜♪
ん〜
こ〜ん〜わ〜
にち〜
乗ってきたオウムはリズム優先の独自路線に回帰
おっ
おっ おっ
おっお〜♪
おっ
おっ

一周回ってふり出しに戻りました。

こ〜んにちわ〜♪

こぉ〜んにっちわぁ〜♪
おっ
おっおっ
おっ
おっ
オ ア〜〜♪
これやっぱ無理そうですね…
オコオ〜〜〜ン♪
コォ〜に〜んン〜
※口語
えっ あれっ いけそう？ ※コンニチワいけます⁇
こんに〜〜ち わハァ〜〜〜♪♪
こぉおぉ〜〜
こ〜お〜〜〜ん
こお〜〜〜ばあ
こ お〜 おは 〜
こオバア〜ヨ♪
あっ オハヨウにすり替え始めた…！
こんにちはが定着するまで長い道のりになりそうだ

自信のある「おはよう」に引っ張られます。

コンニチワ学習4ヶ月後

ピーチャン・オ
ヴァーチャン
ウン・パパパ
ピー
ブォッ
コォー
コンニチ
ワッ
おっ
コンニチワッ！上手ですねぇ！
・・・・・・
コンニチワ？
上手
上手！
すごい
すごい
「コンニチワ」が出るたび作業を止めて褒める飼い主
うっかり飼い主を噛んでしまったオウム
ちょっ…ろう君 今噛んだで
この
アッ
コンニチワッ
スススス
こんにちは上手ですねぇ
コンニチワ
ここぞというタイミングでコンニチワが出てくるようになってきた

この頃一気に「コンニチワ」の発言数が増えました。あともう少しでろうの持ちネタのひとつになるかもしれません。

コンニチワ進捗

「こんにちは」の学習状況は今ひとつ
オハヨン
ニチワッ
ああっ惜しい！
オアーヨ
ワァーッ！
コンニチワッ
こんにちわは？※
※口語
動画学習から数日後に（奇跡的に）見事な「こんにちは」2連発が出たものの
ろうくん
こんにち
わっこんにちは！
ろうくんやるじゃないですかー！
えっ今ハイって言ったの!?
うっわーすごいいい
コンニチワッ
ハイッ
ハイッ
コンニチワ？
それ以降「こんにちは」がはっきり出ることなく現在に至る
じん〜〜…
「ハイ」もあれ以降言わないですよねぇ…
じんじん
ん〜…
ん——…
んん？
うん？
ん？
うん？
ん〜〜…
一方で飼い主の鼻から出るような相槌をマスターし始めている

極々たまに出てくるようになりました。

持ちネタにできました？

都合が悪いときにコンニチワが出てくるようになってきたオウム
キュウゥゥ…
キュルルルル
ルゥー
キュ～
コンニチワ…
〝コンニチワ〟は免罪符じゃありませんからね？
とても都合が悪い就寝前（寝たくない）
寝ますよー
アッ
オハヨオ!!!
オハヨ
オハヨ
オッ
いやもう今日はもういいでしょう寝ましょう
コンニチワッ!!
それそんなに便利な言葉じゃないですからね？

ここで褒めずに突っ込みを入れたせいなのか、これ以降「コンニチワ」の発言数が激減しました。

もう一度聞かせて

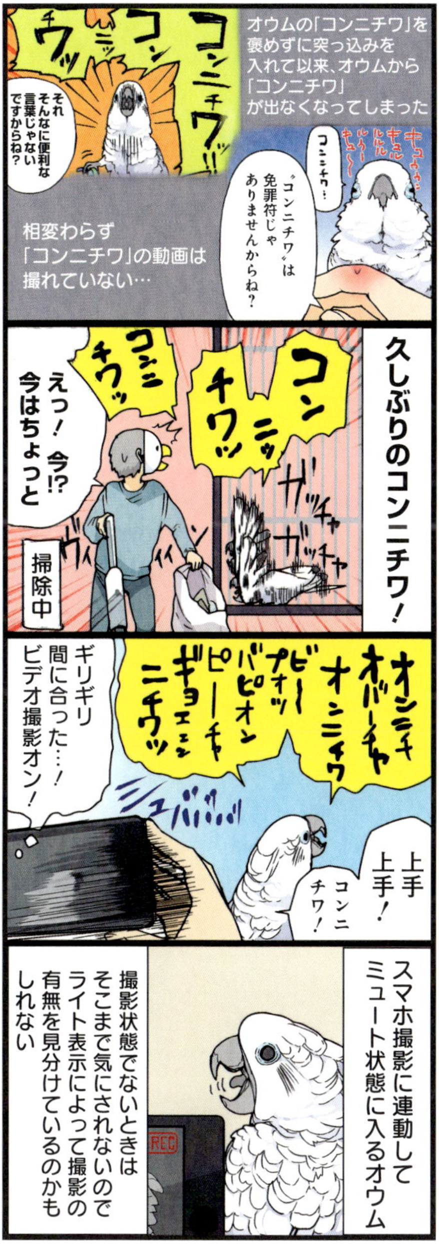
オウムの「コンニチワ」を褒めずに突っ込みを入れて以来、オウムから「コンニチワ」が出なくなってしまった
コンニチワッ!!
それそんなに便利な言葉じゃないですからね？
コンニチワ…
〝コンニチワ〟は免罪符じゃありませんからね？
相変わらず「コンニチワ」の動画は撮れていない…
久しぶりのコンニチワ！
コンニチワッ
ガッチャガッチャ
コンニチワッ
えっ！今!? 今はちょっと
ヴィイイン
掃除中
オンニチ オバーチャ オンニチワ ビ～ プオッ パピオン ピーチャ ギョエェ ニチワッ
ギリギリ間に合った…！ビデオ撮影オン！
シュバババッ
上手上手！
コンニチワ！
スマホ撮影に連動してミュート状態に入るオウム
撮影状態でないときはそこまで気にされないのでライト表示によって撮影の有無を見分けているのかもしれない
REC

記録に残したいのですが･･･。

コンニチワ学習の仕上げとして

学習開始してから約７ヵ月後にろうが「コンニチワォ」と喋る動画が撮れました。
最近は「コンニチワ」をめったに聞かなくなりましたので、再ブームが来るのを待ってます。

きゅるるるるる

近年頻繁に聞くようになった
キュルルル鳴き
キュウゥン
キュウ〜
キュルルルル〜
このキュルルル鳴き昔は知らない女性に対して限定公開されていた（あざとさから飼い主にホスト鳴きと呼ばれる）
※男性の多くは威嚇されていた
わーっ
なんなーん
かわいーー。
キューっていってる
キュルルル
キュー〜
キュウ〜ゥ
いつしかキュルキュル鳴いている内に気付いたのだろう
この鳴き方は使える
キュ
ルルル
キュルルル鳴けば相手の態度が軟化するのだ
これは活用するしかない
なーんてことを思っていたりするんですかね…？
……

使えると思ってなければ多用しませんから・・・。

きゅるる〜

ろう君向こう行きましょう
行きたくない
キュルルル
キュウン
キュル
ろう君それ返して下さい
渡したくない
キュルルルル〜
キュウ〜
ろう君ひと口ほら
ひと口だけ
食べたくない
キュルルル
キュルル
キュ〜〜
ろう君 筆毛今どんな感じです？
毛引きはどう？
最近のキュルルルルは「勘弁して下さいよ」のニュアンスで使われることが多い
キュルル〜
キュ〜

汎用性の高いフレーズです。

ラムネボトル！

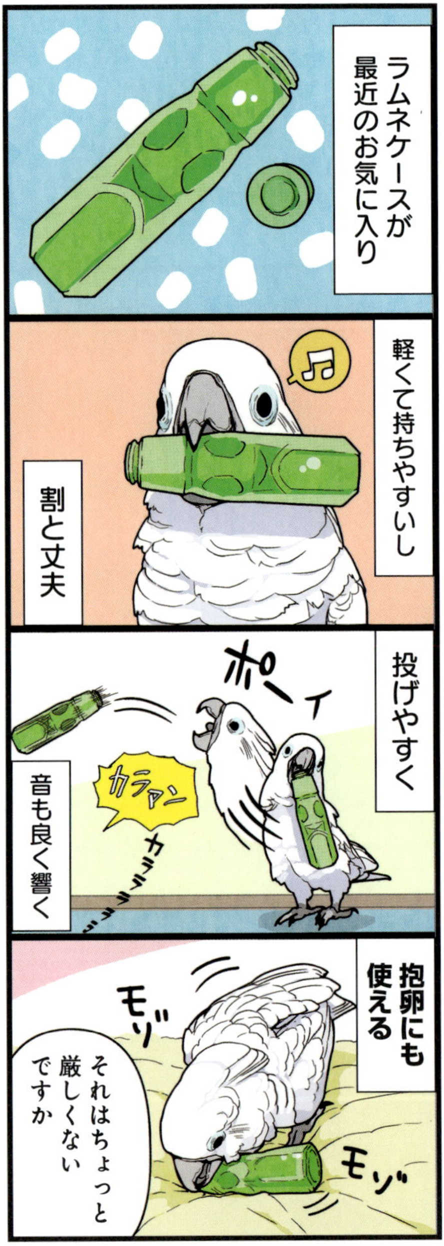

ラムネケースが最近のお気に入り
軽くて持ちやすいし
♪
割と丈夫
投げやすく
ポーイ
カラァン
カラララララ
音も良く響く
抱卵にも使える
モゾ
モゾ
それはちょっと厳しくないですか

フォージングトイみたいに使おうかと思っていましたが・・・。

可能性の追求

今までで一番あやしい
ラムネケース抱卵
ラムネケースが上手く足の間に入らない
両足でせき止められている
ぶっちゃけ抱けてない
形に囚われないガバガバ抱卵である
今回はこれでいくらしい
モフッ
あっ
いつの間にか2児の父に…

まさかの抱卵対象に。

抱卵スペース

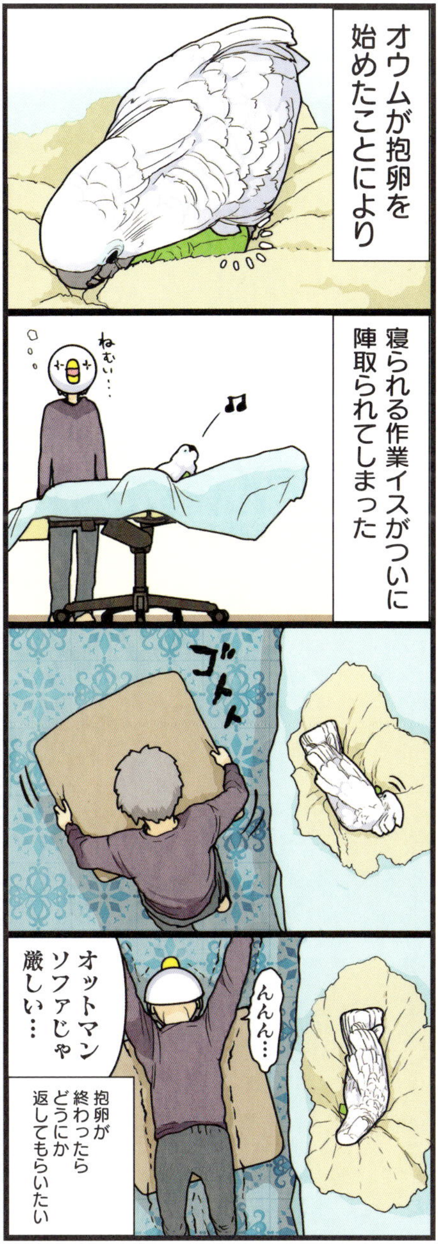
オウムが抱卵を始めたことにより
寝られる作業イスがついに陣取られてしまった
ねむい…
ゴトト
オットマンソファじゃ厳しい…
んんん…
抱卵が終わったらどうにか返してもらいたい

床に新聞紙１枚から始まった抱卵行動も
今やこうです。

おせっかい

1本ですら上手く抱けてない状態で
飼い主が(良かれと思って)ラムネボトルを追加投入
カラララ…
オウムの顔から悲壮感が滲み出た
……
追加ボトルを見た瞬間一気にショボくれる目
思わず立ち上がり抱卵を中断
その場で硬まり目を瞑るオウム
……
見たくない現実らしい
しばらく呆然としたあと腹をくくったのかボトルを寄せ始めた
年々オウムの父性が逞しくなっている

プレゼントのつもりで渡しましたが、
増えるほど困る類のものだったようで…。

レベルアップ

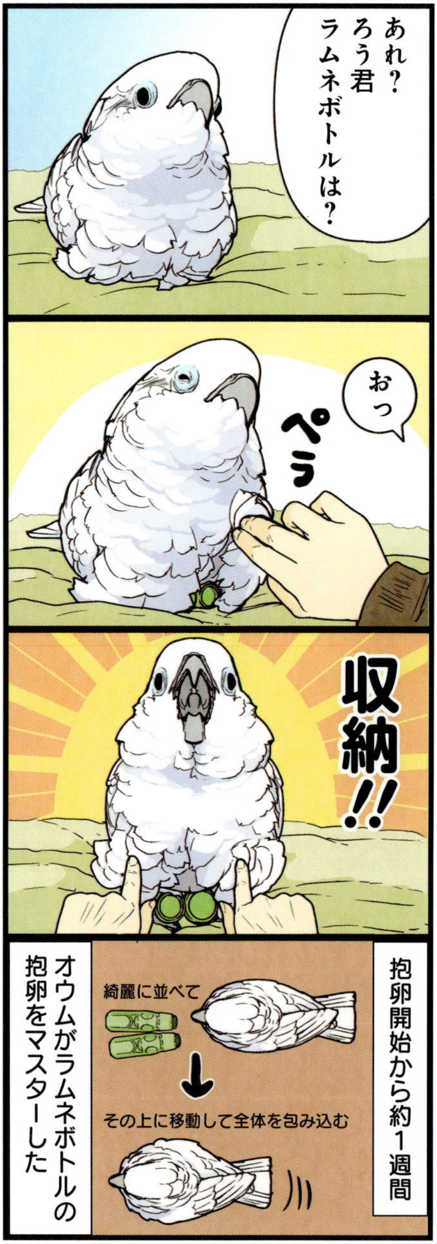

あれ？
ろう君
ラムネボトルは？
おっ
ペラ
収納!!
抱卵開始から約1週間
綺麗に並べて
その上に移動して全体を包み込む
オウムがラムネボトルの抱卵をマスターした

本来の卵の形をしていなくても
何とかできるものなんだなぁ・・・。

限界

ラムネボトル3本を相手に奮闘するオウム
カッチャ
カッチャ
大変ですねぇ
しばらくして
ろう君もう1本空きましたがいります？
あっ
何かバズーカみたいになってる！
じわじわきて笑ってしまった
そっ
ふふ…

1本妥協してるのも面白かったです。

匠の技

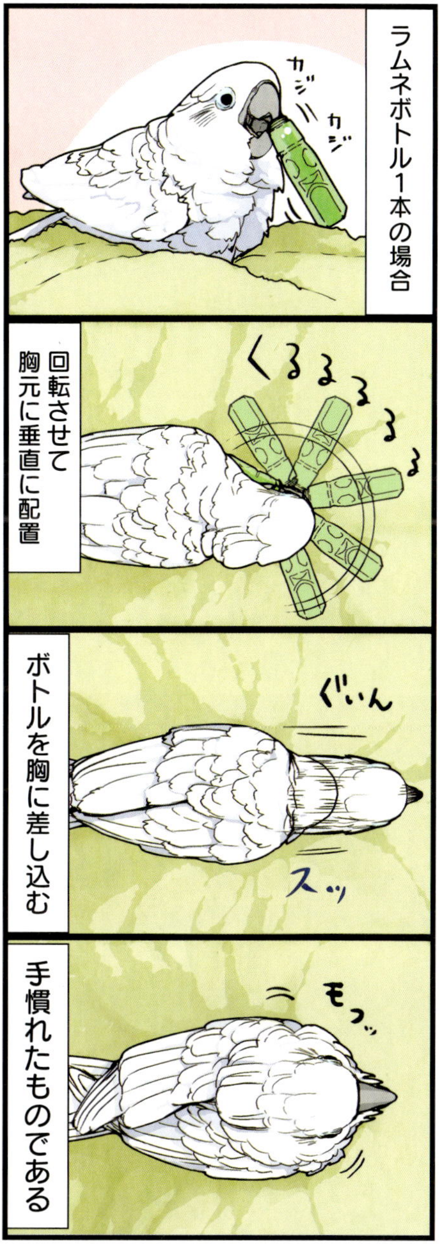

お見事！鮮やかなお手並みに感動して
4コマにしましたが、
このときだけのミラクルでした。

あれ？ ろうの様子が…

卵にする振る舞いではありませんね…？

場所移動1

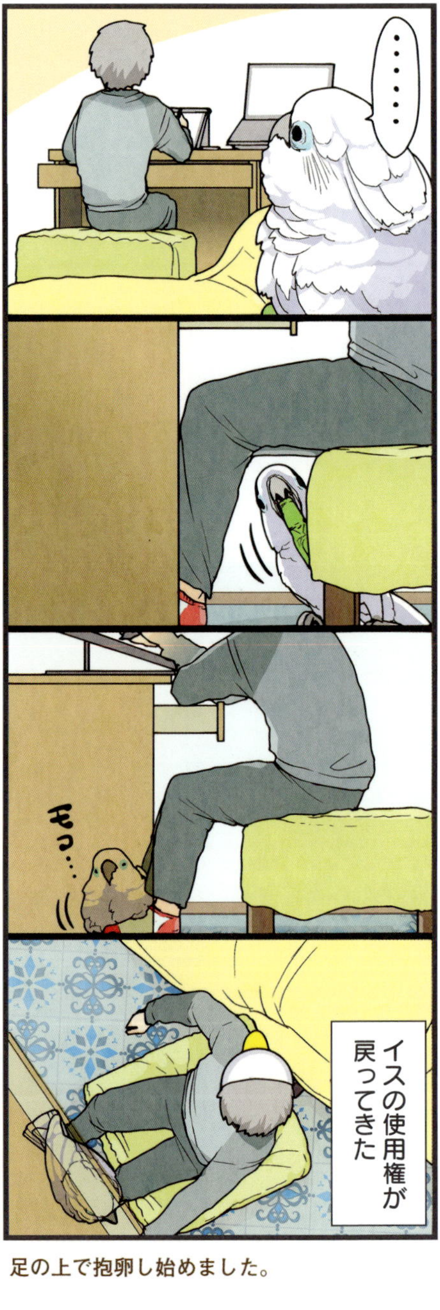
……
モっ…
イスの使用権が戻ってきた

足の上で抱卵し始めました。

場所移動2

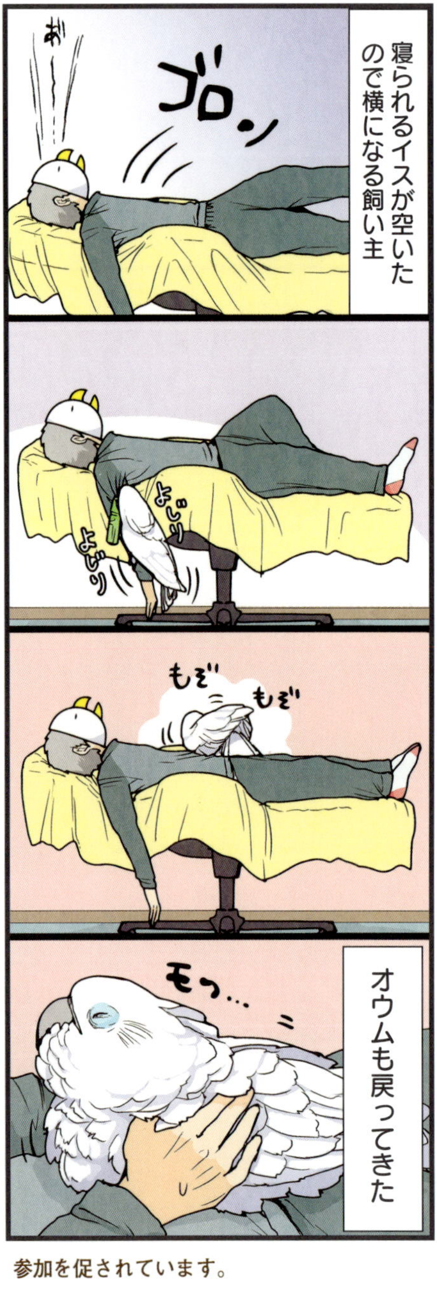
寝られるイスが空いたので横になる飼い主
ゴロン
よじり
よじり
もぞ
もぞ
モっ…
オウムも戻ってきた

参加を促されています。

イス
アッ
オットマン
アッ
床
"お前も抱卵するんだよ"という圧を感じる…
たまには手伝おうか
スッ
ガジィ…
共同作業を押してくる割に手を出されるのは迷惑らしい

きりがない

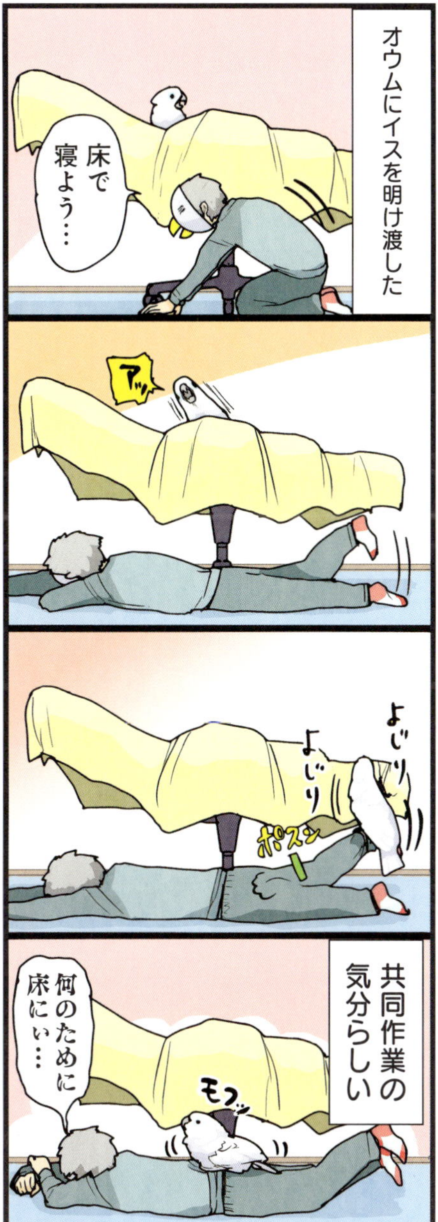
オウムにイスを明け渡した
床で寝よう…
アッ
よじり
よじり
ポスン
共同作業の気分らしい
何のために床にぃ…
モフッ

持ち運びが便利な卵ですこと…。

逆効果

とりあえず机から落とすオウム
ガタタッ
待って待って
ろう君 ほらこれ音鳴るんですよ
引いた
捨てた
ろう君 これ…
抱卵に戻った

いらないそうです。

気晴らしにオモチャを

久しぶりに音が流れるタイプのオモチャを購入
ピ～ポ～ピ～
飼い主の持つオモチャに気付いた！
ぐあっ
この反応！これは久々のヒットの予感！
ガッ
実際に渡してみると…
……
引
さっきの勢い どうしたんです？

抱卵の最中ではありますが、
気分転換もたまには必要かなと。

ついそこに

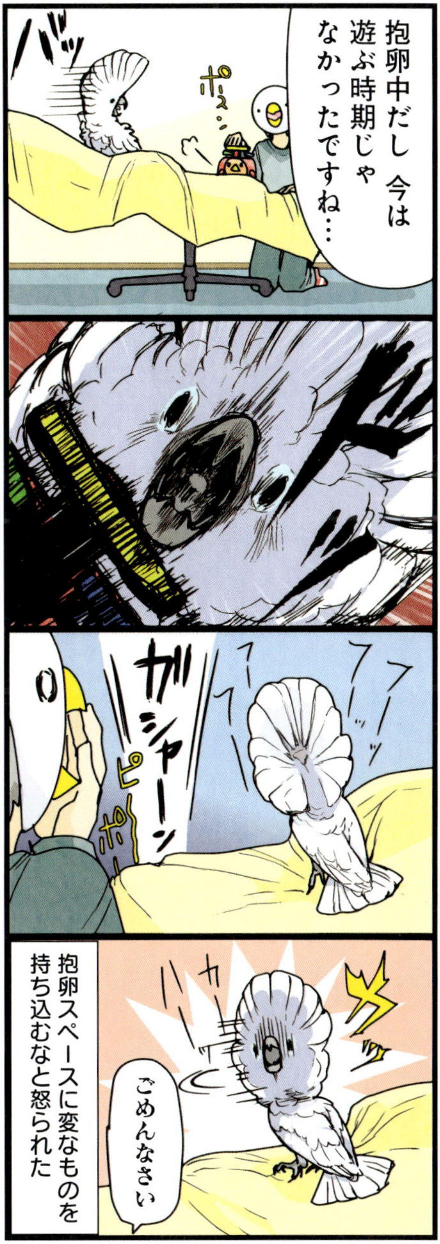

バッ
ポス…
抱卵中だし 今は遊ぶ時期じゃなかったですね…
ガシャーン
ピ〜ポ〜
フーッ
抱卵スペースに変なものを持ち込むなと怒られた
ごめんなさい

何となく置いたら突き飛ばされました。
イスの上一帯がテリトリーになっていたとは…。

もうひとつのオモチャ

そっ
ろう君 これもあるんですけど…
……
抱卵に戻った
2個とも不発…
時期が駄目？
逆にダイナソーが良かったのはなぜ…

反応がとても薄かったです。

オモチャで遊ぶ

3個目のオモチャに大興奮！
抱卵作業も一旦中断
わーっ!!
ろう君 このふたつは？
カタン
スルー
ダッ
抱卵時期だから敬遠していたというよりも 単純に好みじゃないことが大きな要因だったのかもしれない

気晴らしになったようで良かったです。

まだあるオモチャ

他にも用意しましたけど今はいらないですか
カチャ…
ねぇ…
ぐいん
ぐいん
カシャアン
滅茶苦茶遊んだ

ろう君抱卵は？

オモチャ持ち込み

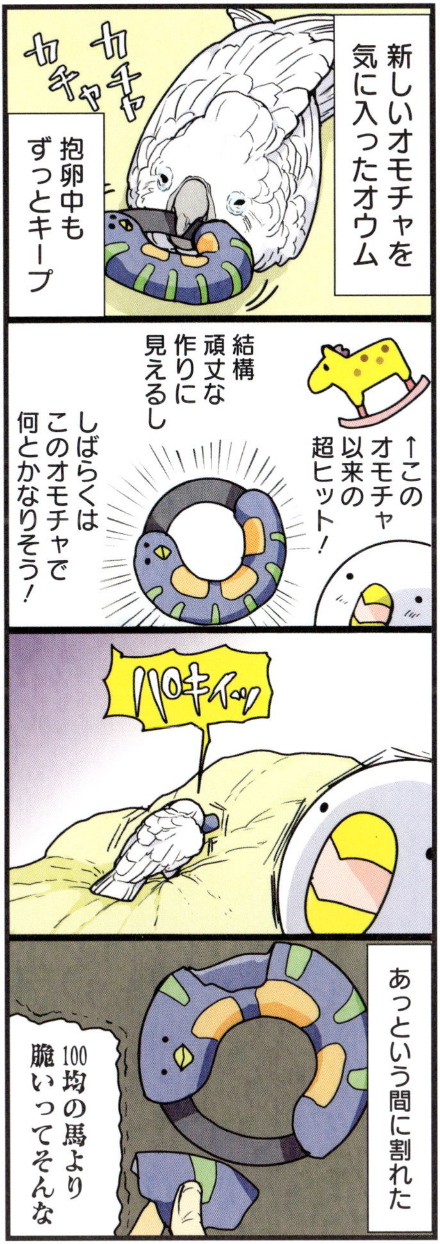
カチャ
カチャ
新しいオモチャを気に入ったオウム
抱卵中もずっとキープ
結構頑丈な作りに見えるし
↑このオモチャ以来の超ヒット！
しばらくはこのオモチャで何とかなりそう！
バキイッ
あっという間に割れた
100均の馬より脆いってそんな

抱卵中は暇でしょうから、暇つぶしとして活用してもらおうと思った矢先にこうなりました。残念です。

沢山遊んだ

ヒュー
ヒュー
ヒュー
オモチャで遊び続けてしばらく…
クールダウンしましょうか
水分補給
ぐびー
パリッ
パリ
パラララララ…
栄養補給
カチャ…
休息後に再びオモチャを持って
抱卵再開
クールダウンで使命を思い出しましたか

夢中で遊んだあとは仕事に戻るという・・・。

ちょっと使いづらい

1段ごと外れるオモチャ
カポッ
ペイ
ポトッ
2段目以降は
カプ
なかなか上手く外せない
ずるぅり

これで失くしたオモチャの記憶を薄めてもらいましょう。

さらにオモチャ

割れたオモチャを回収
探し回るオウム
じー
ナイ
床
ナイ
ケージ下
ナイ
机の下
ない!!
困りごとがあると飼い主をつかみに来る
ろう君
ぐいん
ぐいん
ぎゅっ
代わりにこちらを…
……
ユラ
ユラ
妥協した
盛り上がりに欠けるもののアリっちゃアリらしい
カジ…

オモチャ 買い込んでました。

顔があるなら

くるん
背後から襲うオウム

隙を突こうとしてきます。

楽しくなってきた

新しい破壊方法を発見したオウム
回転させながらかじって出っ張りの接着部分を削っていく
遊び方がハマると一気に楽しくなるオモチャらしい
ガタタタタタタ

思ったより好評で良かったです。

お疲れ様でした

ダダ
ダダダダダ
ダダ
ダダダダダダ
……
カラララ
ダッ
抱卵終了

オモチャに意識を取られるほど抱卵への関心が薄れていき、最後にお気に入りのオモチャが自制心の砦を壊したようです。

ダメ押しの一品

お気に入りのオモチャを新調
スッ
ボッ
HAPPY!
わーーっ
思わず走る
喜び踊る
ぐいん
ぐいん
なるべく大事に使ってくれますように…

本当にこの馬のおもちゃが大好きです。今回は運よく入手できましたが、果たして次があるかどうか…。

その後のお気に入りのオモチャ

新品のオモチャは振るとカタカタ音が鳴る
破壊されたオモチャは足が固定され音が出なくなる
ガチッ
ギギギ
カチッ
ギギギ
カチッ
飼い主のお手本
カタタタタタタタ
レッツトライ！
ブンブンブン
オウムの振り方では音が鳴らない
ガチャーンッ
捨てた…

飼い主みたいに音を出して遊びたいけど、
悲しいかな上手くいきません。
床に叩きつけたくもなります。オウムだもの。

カシャーン！
ダダダダ
オモチャを拾って持ってくるオウム
投げる
カチャチャチャッ
ダダダダ
持ってくる
このポジション楽でいいですね
ポスン

のちにこの安全地帯は消滅しました。

活動報告

ひんぱんに
更新中！

twitter
ろう
@itazuraoumu

BLOG
いたずらオウムの
生活雑記
http://itazuraoumu.blog.jp/

実写画像はこちら！
飼い主が忙しいと
更新が滞ります。

youtube
いたずらオウム
itazuraoumu

実写動画はこちら！
動画制作停滞中…
なるべく早く
再開するね！

BOOTH
itazuraoumu
https://itazuraoumu.booth.pm/

SUZURI
ろう飼い主 rourousoku
https://suzuri.jp/rourousoku

オリジナルグッズを販売中！
BOOTHのほうが
早くお届けできるかも…？

Instagram
itazuraoumu

本当に気が向いた
ときだけ更新

オウムのスタンプが増えたよ！
いたずらオウムが3種類、
ふんわりオウムが1種類 発売中！

LINEスタンプ
ろう飼い主
https://store.line.me/stickershop/author/80489/

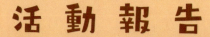

あとがき

ここまでご愛読ありがとうございます！お陰様で今年も書籍が出せました。

今年は書籍が出ない予定で過ごしていましたが、
どうにかこうにか、何とか形になりました。

前年の書籍の売れ行きが芳しなく、
これはもう、作るだけ赤字だと思いまして。

今年の書籍は見送りだと何の準備もせず過ごしておりました。
（代わりに電子書籍の準備を進めていました。紙体制のほうに方針を変えたので停滞中）
それが、担当さんから書籍を出す方向で打診をいただき、
慌てて動き出して今日に至ります。

予定のなかった書籍作成というのは色々と厳しいものがあるので、
書籍ページを112ページくらいに減らして対応するつもりでした。
しかし、何だかいけそうだという根拠のない判断のもと、
例年通りの144ページで制作することに。

無事できあがったのが奇跡です。
2019をみなさまのお手元にお届けできて本当に良かったです。

2020は…
流石に色々と無理なのではないかと思います。
書籍の増刷があれば存続、なければ途切れます。
（現状売れている本すら増刷できないような状況です。もうお手上げ）

存続できない場合は別の活動に力を入れていきますので、
そのときは応援いただけましたらとてもうれしく思います。

今後ともどうぞ
“いたずらオウムの生活雑記”を
よろしくお願い申し上げます。

ろう飼い主

お陰様でろう君ともども元気に過ごしています。
来年は与えているサプリをネクトンからペアファーに変えて
羽の様子を見ようと思います。

いたずらオウムの生活雑記2019

2020年1月1日 初版発行

著者……………………ろう飼い主

装丁……………………浜崎正隆（浜デ）

編集……………………前田絵莉香

発行人…………………野内雅弘

編集人…………………串田 誠

発行所…………………株式会社一迅社
〒160-0022
東京都新宿区新宿3-1-13　京王新宿追分ビル5F
03-5312-6132（編集部）
03-5312-6150（販売部）

発売元：株式会社講談社（講談社・一迅社）

印刷所…………………大日本印刷株式会社

ISBN 978-4-7580-1675-9
Printed in JAPAN